ZHILIU DIANYUAN YONG QIANSUAN XUDIANCHI
JISHU JIANDU

直流电源用铅酸蓄电池技术监督

国网天津市电力公司电力科学研究院 组编

内容提要

本书围绕直流电源用铅酸蓄电池的技术监督相关内容，详细介绍了直流电源用铅酸蓄电池的原理及技术监督中的重点方法与案例。

全书共5章，分别为直流电源用铅酸蓄电池基础知识、直流电源用铅酸蓄电池技术监督要点、蓄电池安装运行前主要监督、蓄电池安装运行后主要监督及变电站蓄电池事故实例与分析。

本书可供发电、供电企业直流电源运维检修人员参考和使用，也可作为电力职业院校相关专业师生阅读参考。

图书在版编目（CIP）数据

直流电源用铅酸蓄电池技术监督/国网天津市电力公司电力科学研究院组编. —北京：中国电力出版社，2023.12

ISBN 978-7-5198-8236-5

Ⅰ.①直… Ⅱ.①国… Ⅲ.①铅蓄电池－技术监督 Ⅳ.①TM912.1

中国国家版本馆CIP数据核字（2023）第201936号

出版发行：中国电力出版社
地　　址：北京市东城区北京站西街19号（邮政编码100005）
网　　址：http://www.cepp.sgcc.com.cn
责任编辑：崔素媛（010-63412392）
责任校对：黄　蓓　朱丽芳
装帧设计：赵姗姗
责任印制：杨晓东

印　　刷：固安县铭成印刷有限公司
版　　次：2023年12月第一版
印　　次：2023年12月北京第一次印刷
开　　本：787毫米×1092毫米　16开本
印　　张：12.25
字　　数：243千字
定　　价：59.00元

编 写 组

主 编 陈 涛 李 治

副主编 贺 春 刘广振 周亚楠 于金山 刘盛终

参 编（按姓氏笔画排序）

管森森 满玉岩 徐元孚 姜 玲 郝 捷

郝春艳 赵 鹏 郑渠岸 郑中原 范冬兴

陈凌宇 张黎明 张 震 张锡喆 张佳成

张 弛 宋晓博 何 菊 李 谦 李学斌

李秉宇 李国豪 李国栋 李 田 杜旭浩

苏 展 齐文艳 刘鸿芳 叶 芳 卢立秋

甘智勇 方 琼 王英明 王议峰 马伯杨

马延强 马小光 于 奔

前言

技术监督指的是在电力设备全过程管理的10个阶段中，通过有效的检测、试验、抽查和核查资料等手段，监督有关技术标准和预防设备事故措施在各阶段的执行落实情况，分析评价电力设备健康状况、运行风险和安全水平，以确保电力设备安全可靠经济运行。

直流电源由蓄电池组、充电装置、监控装置和直流馈电网络组成，是发电厂和变电站的重要设备，其中蓄电池是直流电源的核心设备，其状态直接决定直流电源能否正常工作。铅酸蓄电池由于其具有密封好、性价比高、不用补充电解液和蒸馏水、无污染、大电流放电能力强等优点，得到了广泛应用。20世纪90年代初期，铅酸蓄电池在变电站中得到了广泛推广，直到现在仍是变电站用蓄电池的主流产品，约占变电站用电池市场80%的份额。因此，直流电源用铅酸蓄电池的技术监督工作意义重大。

本书围绕直流电源用铅酸蓄电池的技术监督，对直流电源用铅酸蓄电池基础知识进行了阐述，介绍了直流电源用铅酸蓄电池技术监督要点，按照蓄电池是否安装调试运行对设备验收、运维技术、故障诊断、退役及报废等重点环节重点阐述，并列举了故障实例，为故障的诊断和处理提供了有益的经验。

本书理论联系实际，有较高的实用性和可操作性，可供直流电源运维检修人员开展日常技术监督和专项技术监督，也适用于技术监督管理部门开展设备技术监督与精益化评价工作。

由于编者的水平所限、时间仓促，书中可能存在不完善甚至谬误之处，敬请读者不吝批评指正。

编　者

2023年11月

目 录

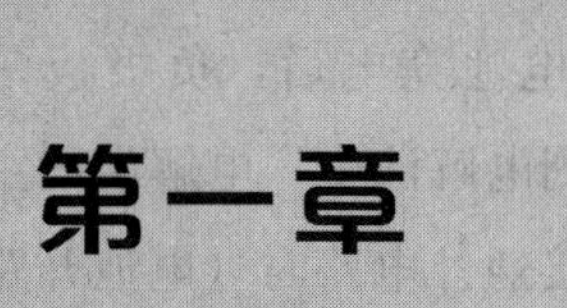

第一章

直流电源用铅酸蓄电池基础知识

在变电站中，控制、信号、保护和自动装置以及断路器合闸、储能、直流电机、交流不停电电源、事故照明等都采用直流电源系统供电。变电站直流电源系统通常主要由蓄电池组、充电装置、绝缘检查装置、微机监控装置、电池巡检装置以及控制、保护电源等设备组成。在电力系统中蓄电池是直流电源系统核心的、必不可少的组成部分。

随着制造技术的发展，几十年来蓄电池的形式发生了很大的变化。在20世纪70年代以前，发电厂和变电站中应用的都是开启式铅酸蓄电池。20世纪70年代以后，开始普遍采用半封闭的铅酸蓄电池。到20世纪80年代中期以后，由于电磁机构开关的应用，能够在短时间内输出大电流的镉镍碱性蓄电池开始获得使用，但由于维护相对复杂，应用范围受限较多，到20世纪90年代起才逐渐用于发电厂和变电站，并且一般使用的都是额定容量在100A·h以下的镉镍碱性蓄电池。20世纪90年代开始发展阀控式铅酸蓄电池，其安装方便、维护工作量小，具有对环境污染小、可靠性较高等一系列优点，因此得到广泛使用。

铅酸蓄电池是化学电源（俗称电池）的一种，是一种把氧化还原反应所释放出来的能量直接转变成低压直流电能的装置。普通铅酸蓄电池由于具有使用寿命短、效率低、维护复杂、所产生的酸雾污染环境等问题，使用范围很有限，而阀控密封式铅酸蓄电池整体采用密封结构，不存在普通铅酸蓄电池的析气、电解液渗漏等现象。目前，变电站直流电源系统大都采用阀控密封式铅酸蓄电池组供电。本书中讨论的蓄电池均为阀控密封式铅酸蓄电池。

第一节　蓄电池的原理、结构与性能参数

一、蓄电池原理

1. 蓄电池电动势的产生

铅酸蓄电池充电后，正极板是二氧化铅（PbO_2），在硫酸溶液中水分子的作用下，少量

PbO_2 与水生成可离解的不稳定物质氢氧化铅［Pb（OH）$_4$，又称原铅酸］，氢氧根离子在溶液中，铅离子留在正极板上，故正极板上缺少电子。铅酸蓄电池充电后，负极板是铅（Pb），与电解液中的硫酸发生反应，变成铅离子，铅离子转移到电解液中，电解液的主要成分为浓硫酸（H_2SO_4），负极板上留下多余的两个电子。在未接通外电路时（电池开路），由于化学作用，正极板上缺少电子，负极板上多余电子，两极板间就产生了一定的电位差，这就是电池的电动势。铅酸蓄电池电动势的产生如图 1-1 所示。

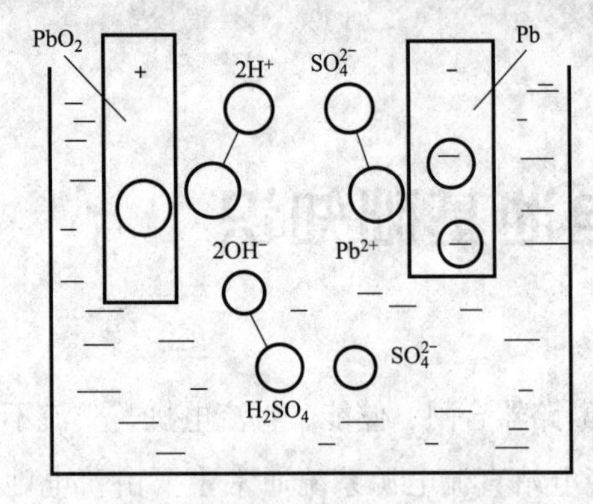

图 1-1　铅酸蓄电池电动势的产生

2. 蓄电池放电过程的电化学反应

铅酸蓄电池放电时，在蓄电池的电位差作用下，负极板上的电子经负载进入正极板形成电流 I。同时在电池内部进行化学反应。负极板上每个铅原子放出两个电子后，生成的二价铅离子（Pb^{2+}）与电解液中的硫酸根离子（SO_4^{2-}）反应，在极板上生成难溶的硫酸铅（$PbSO_4$）；正极板的铅离子得到来自负极的两个电子后，也变成 Pb^{2+} 与电解液中的 SO_4^{2-} 反应，在极板上生成难溶的 $PbSO_4$。正极板水解出的氧离子（O^{2-}）与电解液中的氢离子（H^+）反应，生成稳定物质水。电解液中存在的 SO_4^{2-} 和 H^+ 在电力场的作用下分别移向电池的正负极，在电池内部形成电流，整个回路形成，蓄电池向外持续放电。放电时 H_2SO_4 密度不断下降，正负极上的 $PbSO_4$ 增加，电池内阻增大（$PbSO_4$ 不导电），电池电动势降低。铅酸蓄电池放电化学反应式如下

$$PbO_2+2H_2SO_4+Pb\longrightarrow 2PbSO_4+2H_2O$$

3. 蓄电池充电过程的电化学反应

充电时，外接一直流电源（充电极或整流器），使正、负极板在放电后生成的物质恢复成原来的活性物质，并把外界的电能转变为化学能储存起来。在正极板上，在外界电流的作用下，$PbSO_4$ 被离解为 Pb^{2+} 和 SO_4^{2-}。由于外电源不断从正极吸取电子，则正极板附近游离的 Pb^{2+} 不断放出两个电子来补充，变成 Pb^{4+}，并与水（H_2O）继续反应，最终在正极极板上生成 PbO_2。在负极板上，在外界电流的作用下，硫酸铅被离解为 Pb^{2+} 和 SO_4^{2-}，由于负极不断从外电源获得电子，则负极板附近游离的 Pb^{2+} 被中和为铅（Pb），并以绒状铅的形态附在负极板上。电解液中，正极不断产生游离的 H^+ 和 SO_4^{2-}，负极不断产生 SO_4^{2-}，在电场的作用下，H^+ 向负极移动，SO_4^{2-} 向正极移动，形成电流。充电后期，在外电流的作用下，溶液中还会发生水的电解反应。铅酸蓄电池充电化学反应式如下

$$2PbSO_4+2H_2O\longrightarrow PbO_2+2H_2SO_4+Pb$$

4. 蓄电池密封原理

铅酸蓄电池实现密封的难点是充电后期水的电解，阀控式密封铅酸蓄电池采取了以下几

项重要措施，从而实现了密封。

(1) 阀控式密封铅酸蓄电池的极板采用铅钙板栅合金，提高了气体释放电位。普通蓄电池板栅合金在2.30V/单体（25℃）以上时释放气体。采用铅钙板栅合金后，在2.35V/单体（25℃）以上时释放气体，从而减少了气体释放量，同时使自放电率降低。

(2) 让负极有多余的容量，即比正极多出10%的容量。充电后期正极释放的氧气与负极接触，发生反应，重新生成水，即 $O_2+2Pb \longrightarrow 2PbO+2H_2SO_4 \longrightarrow H_2O+2PbSO_4$，使负极由于氧气（$O_2$）的作用处于欠充电状态，因而不产生氢气（$H_2$）。这种正极的氧气被负极的铅吸收，再进一步化合成水的过程，就是阴极吸收反应。阀控式密封铅酸蓄电池的阴极吸收氧气，重新生成了水，抑制了水的减少而无须补水。

(3) 为了让正极释放的氧气尽快流通到负极，阀控式密封铅酸蓄电池极板之间不再采用普通铅酸蓄电池所采用的微孔橡胶隔板，而是用新型超细玻璃纤维作为隔板，电解液全部吸附在隔板和极板中，阀控式密封铅酸蓄电池内部不再有游离的电解液。超细玻璃纤维隔板孔率由橡胶隔板的50%提高到90%以上，从而使氧气流通到负极，再化合成水。另外，超细玻璃纤维隔板具有将硫酸电解液吸附的功能，因此，即使阀控式密封铅酸蓄电池倾倒，也无电解液溢出。由于采用特殊的设计，因此可控制气体的产生。正常使用时，阀控式密封铅酸蓄电池内部不产生氢气，只产生少量的氧气，且产生的氧气可在蓄电池内部自行复合。

(4) 阀控式密封铅酸蓄电池采用了过量的负极活性物质设计，当蓄电池充电时，保证正极充到100%后，负极尚未充到90%，这样电池内只有正极上优先析出的氧气，负极上不产生难以复合的氢气。

(5) 阀控式密封铅酸蓄电池采用密封式阀控滤酸结构，电解液不会泄漏，使酸雾不能逸出，达到安全环保的目的。

二、蓄电池结构

阀控密封式铅酸蓄由正负极板、隔板、电解液、安全阀、接线柱和外壳等部分组成。

1. 极板

极板是蓄电池的核心部件，是蓄电池的“心脏”，通常以若干片极板组成极板组。极板组主要由正极板、负极板及隔板组成。正极板上的活性物质是二氧化铅（PbO_2），呈暗棕色；负极板上的活性物质是海绵状铅（Pb），呈深灰色。在蓄电池充放电过程中，正极板的化学反应比较激烈，若单面工作，容易拱曲，因此极板组中每片正极板均被夹持在两片负极板当中，在极板组中正极板比负极板少1片。极板上参加电池反应的活性物质铅和二氧化铅是疏松的多孔体，需要固定在载体上。

铅酸蓄电池的极板依构造和活性物质化成方法可分为涂膏式极板、管式极板、化成式极板及半化成式极板4类。阀控密封式铅酸蓄电池大多数为涂膏式极板，涂膏式极板由板栅和活性物质构成。板栅的作用为支撑活性物质和传导电流，使电流均匀分布。

阀控密封式铅酸蓄电池在使用过程中不用加酸加水维护，要求正板栅合金耐腐蚀性好，自放电小。不同厂家采用的正板栅合金并不完全相同，主要有铅钙、铅钙锡、铅钙锡铝、铅锑镉等。不同合金的性能也不同，铅钙、铅钙锡合金具有良好的浮充性能，但铅钙合金易形成致密的硫酸铅和硫酸钙阻挡层而使蓄电池早期失效，其抗蠕变性差，不适合循环使用。铅钙锡铝、铅锑镉合金各方面的性能相对比较好，既适合浮充使用，又适合循环使用。阀控密封式铅酸蓄电池的负板栅合金一般采用铅钙合金，尽量减少析氢量。正极板栅厚度决定蓄电池寿命，正极板栅厚度与蓄电池预计寿命的关系见表1-1。

表1-1　　正极板栅厚度与蓄电池预计寿命的关系

正极板栅厚度/mm	循环寿命（10小时率80%放电深度，25℃）/次	预计浮充寿命（正常浮充使用）/年
2.0	150	2
3.0	257	4
3.4	400	6
4.5	800	12

铅酸蓄电池在设计上正负极活性物质利用率一般按30%～33%计算，正负极活性物质比例为1∶1。在实际应用中，负极活性物质的利用率一般比正极高。对于阀控密封式铅酸蓄电池，考虑到氧再化合的需要，负极活性物质设计过量，一般宜为1∶1.0～1∶1.2。

2. 隔板

为在有限的电池槽内腔中安放多片正极板和负极板，而又不使正极板与负极板短路，在相邻的正极板与负极板之间装有隔板。隔板具有良好的绝缘性能，能防止正负极板间产生短路外，还能保证电解液的充分流通，不会妨碍两极间离子的流通，而且经长时间使用也不会劣化或释放杂质。

铅酸蓄电池的隔板是由微孔橡胶、玻璃纤维等材料制成的，它能阻缓正负极板活性物质的脱落，防止正负极板因震动而损伤。作为电解液的载体，它还能够吸收大量电解液，起到促进离子良好扩散（离子导电）的作用。

对阀控密封式铅酸蓄电池而言，隔板还是正极板产生的氧气到达负极板的“通道”，有助于顺利地建立氧循环，减少水损失。采用超细玻璃纤维式隔板是阀控密封式铅酸蓄电池实现少维护的关键，其应该具有如下特征：①耐酸性能和抗氧化能力优良；②厚度均匀一致，外观无针孔，无机械杂质；③孔径小且孔率大；④吸收和保留电解液能力优良；⑤电阻小；⑥具有一定的机械强度，以保证工艺操作要求；⑦杂质含量低，尤其是铁、铜的含量要低。

3. 外壳

阀控密封式铅酸蓄电池壳体用于盛放电解液和极板组，应该耐酸、耐热、耐震。壳体多采用硬橡胶或聚丙烯（PP）塑料制成，为整体式结构，底部有凸起的肋条以搁置极板组。壳盖结构设计主要包括强度设计、散热设计和盖板上的极柱密封设计。强度设计要求蓄电池外壁在紧装配和承受内气压时不应有明显的气胀变形。对于PP外壳，应加钢壳加固；对于2V系列蓄电池，ABS和PVC外壳的厚度一般要达到8～10mm。散热设计要求蓄电池外壳散热面积大，材料导热性好且壁厚越小越好。壳体结构设计相对比较简单，只需考虑强度和盖板封装配合即可。

动力用阀控密封式铅酸蓄电池外壳通常使用材质强韧的合成树脂经特殊处理制成，其机械强度高，盖板也使用相同材质以热熔方式接合。蓄电池盖板将电池槽的内腔封闭起来，其上有6个加液孔，各单体蓄电池的电解液经各自的加液孔注入。蓄电池槽的内腔经排气管与外界连通，使蓄电池充电时产生的气体得以排出。加液孔和排气孔由安全阀密封起来，保证蓄电池的密封安全。

蓄电池壳盖密封分为热封和胶封，其中热封是最可靠的密封方式。PP材料采用热封方式，ABS和PVC材料一般采用胶封方式，胶封的关键是要采用合适的环氧树脂。极柱密封技术是阀控密封式铅酸蓄电池生产的一项关键技术，不同的厂家采用的方式不完全相同。常规蓄电池采用ABS、PP、PE等材料，中高档阀控密封式铅酸蓄电池一般采用ABS，非阀控蓄电池一般采用PP、PE等。

4. 电解液

电解液由蒸馏水和纯硫酸按一定比例混合并配以一些添加剂制成。阀控密封式铅酸蓄电池内部没有游离的电解液。

电解液的主要作用有：①参与电化学反应，电解液是蓄电池的活性物质之一；②起导电作用，蓄电池使用时通过电解液中离子的转移起到导电作用，使化学反应得以顺利进行。

传统的电解液为稀硫酸，使用时不少厂家会加入诸如硫酸钠（Na_2SO_4）之类的添加剂。20世纪50年代初开始，出现在硫酸液中添加$SiO_2 \cdot H_2O$复合电解质的现象，这样构成的物理状态呈胶态，故称之为胶态电池或胶体电池。这种SiO_2复合胶体电解质技术，德国、英国的厂家使用较多，美国、日本的产品很少采用SiO_2复合胶体电解质。

在蓄电池完全充足电且温度为20℃时，电解液的比重一般为1.24～1.29。蓄电池槽中装入一定比重的电解液后，由于电化学反应，正负极板间会产生约为2.1V（单体阀控密封式铅酸蓄电池）的电动势。

电解液的比重对蓄电池的工作有重要影响，比重大，可减小结冰的危险并提高蓄电池的容量，但比重过大会使黏度增加，反而降低蓄电池的容量，缩短使用寿命。电解液比重应随地区和气候条件而定。表 1-2 列出了不同地区和气温下电解液的比重。另外，电解液的纯度也是影响蓄电池性能和使用寿命的重要因素之一。

表 1-2　　不同地区和气温下电解液的比重

气候条件	完全充足电的蓄电池在 25℃时的电解液比重	
	冬季	夏季
冬季温度低于－40℃的地区	1.30	1.26
冬季温度高于－40℃的地区	1.28	1.25
冬季温度高于－30℃的地区	1.27	1.24
冬季温度高于－20℃的地区	1.26	1.23
冬季温度高于 0℃的地区	1.24	1.23

5. 安全阀

蓄电池在放电和充电时会有气体产生，为了防爆，蓄电池不能完全密封，因此，铅酸蓄电池须有排气阀。传统排气阀是简单的带胶圈拧盖，密封性能较差，因此，易渗液及逸出酸雾。现在中高档蓄电池均采用单向密封阀，在一定压强范围内可保障蓄电池内部气体不逸出，只有达到一定压强后才释放气体，从而达到防爆的目的，使蓄电池正常使用时极少失水。

安全阀是阀控密封式铅酸蓄电池的一个关键部件，其质量的好坏直接影响阀控密封式铅酸蓄电池的使用寿命、均匀性和安全性。

（1）安全阀的作用。安全阀位于阀控密封式铅酸蓄电池顶部，有以下 4 个作用。

1）安全作用：即当阀控密封式铅酸蓄电池在使用过程中内部产生气体且气压达到安全阀设定的开阀压力时，开阀将压力释放，防止铅酸蓄电池变形、破裂等。

2）密封作用：当阀控密封式铅酸蓄电池内压低于安全阀的闭阀压时，安全阀关闭，防止内部气体酸雾往外泄漏，同时也防止空气进入阀控密封式铅酸蓄电池内部而造成不良影响。

3）保证阀控密封式铅酸蓄电池有一定内压，促进阀控密封式铅酸蓄电池内氧复合，减少失水。

4）防爆作用：某些安全阀装有防酸、防爆片。

（2）安全阀的技术条件。根据有关标准和阀控密封式铅酸蓄电池的使用情况，安全阀应满足如下技术条件。

1）单向密封，防止空气进入蓄电池内部。

2）同一组蓄电池各安全阀之间的开闭压力之差不应超过平均值的 20％。

3）寿命不应低于 15 年。

4）滤酸，防止酸液和酸雾从安全阀的排气口排出。

5）隔爆，蓄电池外部遇明火时，蓄电池内部不应引爆。

6）抗震，在运输和使用期间安全阀不会由于震动和多次开闭而松动失效。

7）耐酸。

8）耐高、低温。

（3）安全阀的结构。目前市场上常见的安全阀主要有柱式、帽式和伞式，其结构如图 1-2 所示。

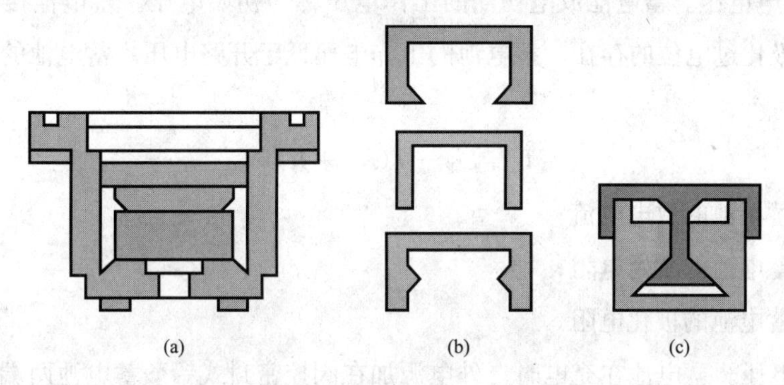

图 1-2　常见的安全阀结构

（a）柱式；（b）帽式；（c）伞式

1）柱式安全阀的可靠性较好，但其制作工艺复杂且制作成本很高，因此目前使用较少。

2）帽式安全阀的制作技术比较成熟，其由弹性较好的橡胶制作而成，是当前普遍采用的一种安全阀。帽式安全阀的结构简单，制作工艺也比较简单，故障率低，但阀的开启压力和关闭压力变化范围较大，开闭阀压重现性差。这是阀帽与阀座配合状态不易完全恢复所致，安装时可采取专用工具对阀帽进行定位安装，使阀帽顶面与顶部盖片靠紧（开关阀压力测试时也需采取定位安装方法）。安装配合尺寸对开闭阀压影响较大，需采取提高配合精度的措施。在动力类阀控密封式铅酸蓄电池上使用帽式安全阀时，因电解液浓度高，还时有粘连的缺陷，必须采取表面浸渍特殊油的措施，以起到防酸、防老化腐蚀作用。

3）伞式安全阀的阀与阀座的接触方向与帽式安全阀不同，开阀压较低且重现性较好，可靠性较高。在阀控密封式铅酸蓄电池上安装伞状阀后用盖片（或螺塞）将其压紧，中间留有排气口。当阀控密封式铅酸蓄电池内压过高时，气体沿弹性橡胶片与上盖的结合处释放，并经有弹性的多孔耐酸片的孔道排出，当内压小时阀关闭。使用前，必须将排气栓上的盲孔用铁丝刺穿，以保证气体逸出通畅。

三、蓄电池主要性能参数

1. 电压

（1）开路电压。电池处于开路状态下的端电压称为开路电压。开路电压等于蓄电池在断路（即没有电流通过两极）时正极电位与负极电位之差。蓄电池的开路电压用U_k表示，即

$$U_k = E_z - E_f \tag{1-1}$$

式中 E_z——蓄电池的正极电位；

E_f——蓄电池的负极电位。

（2）工作电压。蓄电池接通负荷后在放电过程中显示的电压即工作电压，又称负荷（载）电压或放电电压。蓄电池放电初期的工作电压称为初始电压。蓄电池接通负载后，由于欧姆电阻和极化过电位的存在，蓄电池的工作电压低于开路电压。蓄电池的工作电压常用U表示，即

$$U = U_k - I(R_0 + R_j) \tag{1-2}$$

式中 I——蓄电池的放电电流；

R_0——蓄电池的欧姆电阻；

R_j——蓄电池的极化电阻。

（3）充电电压。蓄电池在充电时，外电源加在阀控密封式铅酸蓄电池两端的电压即充电电压。

（4）浮充电压。浮充电压是指充电器对蓄电池进行浮充充电时设定的电压值。蓄电池要求充电器应有精确而稳定的浮充电压值，人为提高浮充电压值对蓄电池有害而无益。浮充电压值高意味着储能量大，质量差的蓄电池浮充电压值一般较小。

（5）放电终止电压。阀控密封式铅酸蓄电池放电至不能再继续放电的最低工作电压即放电终止电压，一般规定固定型蓄电池10小时率放电时，单体蓄电池放电的终止电压为1.8V（相对于2V单体蓄电池）。

2. 容量

电池在一定放电条件下所能给出的电量称为电池的容量，以符号C表示。然而，蓄电池作为电源，由于其端电压是一个变值，选用安培小时［简称安时（A·h）］或毫安时（mA·h）表示蓄电池的电源特性更为准确。容量的概念实质上是蓄电池能量转化的表示方式，其定义为

$$C = \int_0^t i\,dt \tag{1-3}$$

理论上，t可以趋于无穷大，但若放电电压低至终止电压时继续放电，即有可能损坏蓄电池，因此，t有所限制。

在衡量蓄电池性能的指标中，蓄电池的额定电压和额定容量是两个最常用的技术指标。

在恒流放电的情况下，阀控密封式铅酸蓄电池的容量为

$$C = It \tag{1-4}$$

式中　C——蓄电池放出的电量，A·h；

I——放电电流，A；

t——放电时间，h。

电池的容量可分为理论容量、额定容量、实际容量及标称容量。

（1）理论容量。理论容量是活性物质的质量按法拉第定律计算而得的最高理论值。为了比较不同系列的电池，常用比容量的概念，即单位体积或单位质量电池所能给出的理论电量，单位为（A·h）/kg或（A·h）/L。

（2）实际容量。实际容量是指电池在规定条件（放电电流、截止电压、温度）下所能输出的电量。恒电流放电时，电池容量等于放电电流与放电时间的乘积，变电流放电时，电池容量是电流的时间积分。实际容量值小于理论容量。主要原因有：实际电池中，正负极活性物质比率不是严格按照成流反应计算得出的比率；正负极活性物质的利用率在实际电池中是不同且相互影响的；组成实际电池时，还有诸多非活性物质，如板栅、连接件、隔板、极柱、外壳及其他附件等。

（3）额定容量。额定容量也叫保证容量，是指在有关标准或行业中，规定的电池在一定的放电条件下应该放出的最低容量，一般低于电池的实际容量。比如，C_{10}表示电池规定在25℃环境温度下，以10小时率电流放电，应该放出最低限度的电量（A·h）。

（4）标称容量。标称容量也叫公称容量，是用来鉴别电池适当的近似安时值，只标明电池的容量范围而没有确切值，因为在没有指定放电条件下，电池的容量是无法确定的。标称容量的数值有时候和额定容量相同。

3. 内阻

电流通过电池内部时受到阻力，使电池的电压降低，此阻力称为电池的内阻。各种规格和型号的蓄电池内阻各不相同，一般说来，同一类型的电池，电池的容量越大，内阻越小；电池的容量越小，内阻越大。在低倍率放电时，内阻对电池性能的影响不显著；但在高倍率放电时，电池全内阻明显增大。内阻的存在，使电池放电时的端电压低于电池电动势和开路电压，充电时端电压高于电动势和开路电压。

电池的内阻主要由欧姆内阻和极化内阻组成，二者之和为电池的全内阻。电池的内阻不是常数，会随温度、放电电流、放电时间、电池新旧等而变化。

（1）欧姆内阻。欧姆内阻主要由电极材料、电解液、隔膜的电阻以及各部分零件的接触电阻组成。欧姆内阻遵循欧姆定律，其引起的电池压降与充电或放电的电流大小成正比，一旦外电流中断，这部分压降也立即消失。影响欧姆内阻的主要因素有电池尺寸、结构、电极

成型方式、装配的松紧度等。

(2) 极化内阻。正极、负极进行电化学反应时，因极化引起的内阻即极化内阻。极化内阻随电流密度的增加而增大，但非线性，通常是随着电流密度的对数增大。极化内阻由活化极化内阻和浓差极化内阻组成。

1) 活化极化内阻。为使电极上进行电化学反应，电极电势就要偏离平衡电势，即电极发生了极化，引起这部分极化的就是活化极化内阻。

2) 浓差极化内阻。电池在充放电过程中，电极表面附近液层中参加反应的物质的浓度会逐渐跟电池内部有所不同，由此产生浓差极化，引起这部分极化的就是浓差极化内阻。浓差极化内阻在电池充放电过程中是不断变化的，它不是一个常数。

极化内阻与活性物质的本性、电极的结构、电池的制造工艺有关，尤其与电池的工作条件有关，放电电流和温度对其影响很大。在大电流密度时，活化极化和浓差极化均增加，甚至可能引起负极的钝化，造成极化内阻增加，温度降低对活化极化、离子的扩散均有不利影响，故在低温条件下电池的全内阻增加。

4. 输出功率和比功率

(1) 功率。蓄电池的功率是指在一定的放电制度下，蓄电池在单位时间内所输出的能量的大小，常用 P 表示，单位为瓦（W）或千瓦（kW）。蓄电池的功率分为理论功率和实际功率，理论功率为一定放电条件下的放电电流和电动势的乘积，实际功率为一定放电条件下的放电电流和平均工作电压的乘积。

(2) 比功率。蓄电池的比功率是指单位体积或单位质量的蓄电池输出的功率，分别称为体积比功率或质量比功率。比功率是蓄电池重要的性能技术指标之一，蓄电池的比功率大，表示它承受大电流放电的能力强。比功率是该型电池能否在某个领域得到应用的关键指标，它反映了电池的质量水平，以及电池厂家的技术和管理水平。

5. 能量和比能量

电池能量是指在一定工作条件下（放电电流、温度、输出功率、放电方式等），电池所能放出的能量，通常用瓦时（W·h）来表示。电池的能量可分为电池实际能量和理论能量，理论能量等于电池的理论容量与电动势的乘积，由于电池的电动势会受到电解液的浓度和温度的影响，那么电池的理论能量也跟电池的电解液浓度和温度有关。

理论能量 W_L 可用理论容量 C_L 和电动势 E 的乘积表示，即

$$W_L = C_L \times E \tag{1-5}$$

而蓄电池的实际能量 W_S 为一定放电条件下的实际容量 C_S 与平均工作电压 U_{av} 的乘积，即

$$W_S = C_S \times U_{av} \tag{1-6}$$

蓄电池的比能量是单位体积或单位质量的蓄电池所能输出的电能，分别称为体积比能量和质量比能量，单位分别为（W·h)/L和（W·h)/kg。质量比能量有理论比能量和实际比能量之分。前者指1kg蓄电池反应物质完全放电时理论上所能输出的能量。实际比能量为1kg蓄电池反应物质所能输出的实际能量。由于各种因素的影响，蓄电池的实际比能量远小于理论比能量。实际比能量W_{SB}和理论比能量W_{LB}的关系为

$$W_{SB}=W_{LB}K_UK_RK_m \tag{1-7}$$

式中 K_U——电压效率；

K_R——反应效率；

K_m——质量效率。

其中电压效率是指蓄电池的工作电压与电动势的比值，蓄电池放电时，由于电化学极化、浓差极化和欧姆压降，工作电压小于电动势。

蓄电池的比能量也是一个综合性指标，它反映了蓄电池的质量水平，也表明了生产厂家的技术和管理水平。

6. 寿命

针对行业而言，电池寿命主要分为使用寿命、储存寿命、循环寿命三大类。

(1) 使用寿命。电池在一定的使用条件下，仍能输出规定的容量，或在规定负载条件下，电池端电压不低于某一规定值所经历的时间。电池的使用寿命不仅与电池的设计和制造工艺有关，而且跟充电方式、放电过程和使用维护有密切的关系。

(2) 储存寿命。电池在规定的条件下，储存规定的时间之后，经激活后或直接放电，其电性能仍能达到某个规定值，则该储存时间就是电池的储存寿命。

(3) 循环寿命。电池在规定的条件下反复进行充放电，其电性能仍能达到规定的指标值，则所经历的循环次数就称为电池的循环寿命。不同类型的电池标准中，都严格规定了电池循环寿命的考核方式及对循环寿命的要求。实验室得到的电池循环寿命数值只能是电池使用寿命的参考。这是由于实验室的条件不可能跟实际使用条件完全相同。

7. 电池的充电效率

充电效率也称为输出效率。电池的充电效率是指电池在充电过程中所消耗的电能转化成电池所能储存的化学能程度的量度，可用安时效率或瓦时效率表示。

(1) 安时效率。电池可以放出的电量跟对电池充电所消耗的电量（不一定全是充入蓄电池的电量）之比，称为电池充电的安时效率，也叫电量效率。

(2) 瓦时效率。电池可以放出的能量跟对电池充电所消耗的能量之比，称为电池充电的瓦时效率，也叫能量效率。

充电效率主要受电池工艺、配方及电池的工作环境温度影响，一般环境温度越高，充电

效率越低。

8. 自放电

蓄电池的自放电是指蓄电池在开路搁置时的自动放电现象。蓄电池发生自放电将直接减少其可输出的电量，使蓄电池容量降低。自放电的产生主要是由于电极在电解液中处于热力学的不稳定状态，是蓄电池的两个电极各自发生氧化还原反应的结果。在两个电极中，负极的自放电是主要的，自放电的发生使活性物质被消耗，电能转变成不能利用的热能。自放电的大小可以用规定时间内蓄电池容量降低的百分数来表示，即

$$Y(\%)=\frac{C_1-C_2}{C_1 t}\times 100\% \tag{1-8}$$

式中 $Y(\%)$ ——自放电率；

C_1 ——阀控密封式铅酸蓄电池搁置前的容量；

C_2 ——蓄电池搁置后的容量；

t ——蓄电池搁置的时间，一般用天、周、月或年来表示。

蓄电池自放电速率的大小是由动力学因素决定的，主要取决于电极材料的本性和表面状态、电解液的组成和浓度、杂质含量等，也取决于放置环境的条件，如温度和湿度等。不同电池的自放电速率差别很大。当电池中的杂质较多或电池处于寿命后期，其自放电速率就会增大。减少原材料中的杂质含量和降低储存温度，是降低电池自放电的有效措施。

电池整体的自放电为浓差电池的形成，在蓄电池电极的上端和下端以及电极的孔隙和表面处，由于酸的浓度不同，电极内外和上下形成了浓差电池。处在较稀硫酸区域的二氧化铅为负极，进行氧化过程而析出氧气；处在较浓硫酸区域的二氧化铅为正极，进行还原过程，二氧化铅还原为硫酸铅。这种浓差电池在充电终止的正极和放电终止的正极都可形成，因此都有氧析出。但是在电解液浓度趋于均匀后浓差消失，由此引起的自放电也就停止了。

电池的正负极板各自存在的主要自放电：

（1）正极的自放电。正极的自放电是由于在放置期间正极活性物质发生分解，形成硫酸铅并伴随着氧气析出，发生如下共轭反应

$$PbO_2+H_2SO_4+2H^++2e \longrightarrow PbSO_4+2H_2O$$

$$H_2O \longrightarrow 1/2O_2+2H^++2e$$

总反应如下

$$PbO_2+H_2SO_4 \longrightarrow PbSO_4+H_2O+\frac{1}{2}O_2$$

同时正极的自放电也有可能由下述几种局部电池形成引起

$$5PbO_2+2Sb+6H_2SO_4 \longrightarrow Sb_2SO_4+5PbSO_4+6H_2O$$

$$PbO_2+Pb+2H_2SO_4 \longrightarrow 2PbSO_4+2H_2O$$

一般正极的自放电不大。正极为强氧化剂，若在电解液中或隔膜上存在易于被氧化的杂质，也会引起正极活性物质的还原，从而降低容量。

正极自放电的速度受板栅合金组成和电解液浓度的影响，对应于硫酸浓度出现不同的极大值。一些可变价态的盐类，如铁盐、铬盐、锰盐等，它们的低价态可以在正极被氧化，同时二氧化铅被还原；被氧化的高价态可通过扩散到达负极，在负极上进行还原过程；同时负极上的活性物质铅被氧化，还原态的离子又借助于扩散、对流到达正极重新被氧化，如此反复循环。因此，可变价态的少量物质的存在可使正极和负极的自放电连续进行，比如

$$PbO_2+3H^++HSO_4^-+2Fe^{2+}\longrightarrow PbSO_4+2H_2O+2Fe^{3+}$$

$$Pb+HSO_4^-+2Fe^{3+}\longrightarrow PbSO_4+H^++2Fe^{2+}$$

在电解液中一定要防止这些盐类的存在。

(2) 负极的自放电。自放电通常主要发生在负极，因为负极活性物质为较活泼的海绵状铅，在电解液中其电势比氢负，可发生置换反应。若在电极中存在着析氢过电位低的金属杂质，这些杂质和负极活性物质能构成腐蚀微电池，造成负极金属自溶解并伴有氢气析出，从而使容量减少。在电解液中杂质起着同样的有害作用。

蓄电池在开路状态下，铅的自溶解导致容量损失，与铅溶解的共轭反应通常是溶液中 H^+ 的还原过程，即

$$Pb+H_2SO_4\longrightarrow PbSO_4+H_2\uparrow$$

该过程的速度与硫酸的浓度、储存温度、所含杂质和膨胀剂的类型有关。该过程受限于氧的溶解与扩散，在蓄电池中一般以该式为主。溶解于硫酸中的氧也可以发生铅自溶的共轭反应，即

$$Pb+\frac{1}{2}O_2+H_2SO_4\longrightarrow PbSO_4+H_2O$$

杂质对于铅自溶的共轭反应（析氢）有很大影响，一般氢在铅上析出的过电位很高，在该式中铅的自溶速度完全受析氢过程控制，析氢过电位大小起着决定性作用。当杂质沉积在铅电极表面上时与铅组成微电池，在这个短路电池组中铅溶解，而比氢过电位低的杂质析出，因而加速自放电。

第二节 蓄电池的特性曲线及数据

一、充电方式

变电站直流系统用的蓄电池和通信系统用的蓄电池大多数为铅酸蓄电池，主要是起到备用电源作用，在市电失电时，由蓄电池为直流负荷及通信设备提供电源。因此使用工况类

似，充放电方式也类似。在运行过程中，铅酸蓄电池的充电方式通常有初充电、浮充充电及均衡充电3种。

1. 初充电

初充电指的是新的蓄电池在交付使用前为达到完全荷电状态（SOC=100%）所进行的第一次充电。初充电的好坏直接影响蓄电池的使用寿命，因此初充电的工作程序应参照制造厂家说明书进行。一般而言，铅酸蓄电池组初充电电流为$1.0I_{10}$，单体电池充电电压到2.3～2.4V时电压平稳，之后转为浮充充电。

2. 浮充充电

阀控电池组完成初充电后，转为浮充充电方式运行，浮充充电电压值为2.23～2.27V，根据制造厂要求和运行具体使用情况而定。由于过高的电压会加速板栅腐蚀，所以不提倡在高于2.4V/单体条件下连续充电。高温加速了缩短电池寿命的反应，当温度升高时，由于电池内部反应速率加快，在固定时间内恢复容量所需要的电压会下降。为了延长寿命，当气温与25℃相差较大时，需要用一个单体2.5mV/℃的负充电温度系数校正充电电压。在25℃条件下浮充电压为2.35V的密封电池在不同温度（温度补偿）下的推荐充电电压如图1-3所示。由曲线可以明显看出，在极低的温度条件下，需要一个比2.5mV/℃更大的温度系数才能够使电池完全回充。当电池温度不同时，电压补偿可使充电电流与25℃时相近。浮充电流值为0.3～2mA/（A·h），作为电池内部的自放电和外壳表面脏污后所产生的爬电损失，从而使蓄电池组始终保持95%以上的容量。

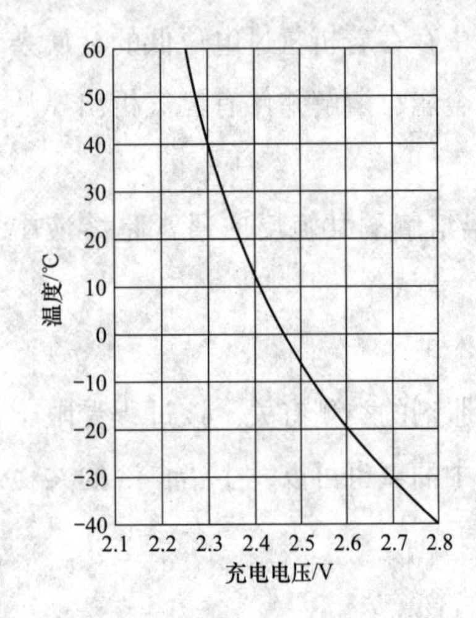

图1-3 不同温度（温度补偿）下的推荐充电电压

3. 均衡充电

阀控式铅酸蓄电池在长期浮充运行中，如发生以下情况，则需对其进行均衡充电：①电池安装完毕后正式投运前；②浮充运行中蓄电池间电压偏差超过规定标准，即个别电池硫化或电解液的密度下降，造成电压偏低，容量不足时；③当交流电源中断，放电容量超过规定后的（5%～10%）C_{10}以上时。

对于情况②，如果设有电池监测装置能判断电压偏差情况，可根据该装置检测情况进行均衡充电；如果无准确的电池监测装置，则根据制造厂的要求，一般在浮充充电运行3个月（720h）后即进行均衡充电。

在投运前，对电池进行初充电，此时用恒流为$1.0I_{10}$进行充电。当单体电池电压上升到2.35V时转为恒压充电，此时充电电流减小，转为正常运行状态，即浮充电压为2.25V。

当运行 720h 后，进行均衡充电，即先以恒流 $1.0I_{10}$ 对电池充电，至电池电压为 2.35V 转为恒压充电，电压恒定一段时间又转为正常浮充充电状态。当交流电源中断后，此时自动进行均衡充电，以恒流 $1.0I_{10}$ 充电。电池电压上升至 2.35V 和上述运行初充后均衡充电的过程相同。

浮充充电转均衡充电的判断大多采用时间来整定，即不论放电深度如何，一旦由恒流阶段转入恒压阶段后，延时若干个小时，则自动转为浮充充电。实际情况是充电所需时间与放电深度有关，故事故放电的深度是随机的，若用一个固定的时间来操作，则有可能造成电池的过充或欠充。采用蓄电池回路的充电电流作为均衡充电终期的判据是较合理的，不同放电深度后充电的所需时间见表 1-3。

表 1-3　不同放电深度后充电所需时间

放电深度/($\%C_{10}$)	充电电流 I_{10}	充电电压 2.28V/个所需充电时间/h			充电电压 2.30V/个所需充电时间/h		
		恒流	恒压	总计	恒流	恒压	总计
20	1.0	0.9	18	18.9	1.5	14	15.5
	1.25	0.8	15	15.8	1.0	13	14
50	1.0	3.3	20	23.3	4.0	19	23
	1.25	2.7	18	20.7	2.9	17	19.9
80	1.0	6.3	23	29.3	6.7	21	27.7
	1.25	4.6	22	26.6	5.0	20	25.0
100	1.0	8.1	24	32.1	8.7	21	29.7
	1.25	5.9	22	27.9	6.2	20	26.2

放电深度/($\%C_{10}$)	充电电流 I_{10}	充电电压 2.35V/个所需充电时间/h			充电电压 2.40V/个所需充电时间/h		
		恒流	恒压	总计	恒流	恒压	总计
20	1.0	1.5	13	14.5	1.8	12	13.8
	1.25	1.0	12	13	1.0	11	12
50	1.0	4.3	18	22.3	4.5	15	19.5
	1.25	3.3	16	19.3	3.5	14	17.5
80	1.0	7.0	19	26	7.3	17	24.3
	1.25	5.4	18	23.4	5.6	16	21.6
100	1.0	9.0	20	29	9.0	20	29
	1.25	6.7	18	24.7	7.0	18	25

从表1-3可以看出，如在同一放电深度情况下，以1.0I_{10}和1.25I_{10}的恒电流充电，均衡充电电压取2.28～2.40V，其充电时间差3～5h，所以要根据具体的放电深度进行判断和选择。

二、充电特性

阀控电池根据氧循环原理，采取了有效措施防止电池内溶液消失，使电池在充放电过程均处于密封状态。正常浮充电压条件下，阀控电池不仅充电电压低，而且浮充后期的电流将呈指数形式下降。这时的氧复合率几乎是100%，没有盈余的气体析出。为避免均衡充电时水的损失，所选择的均衡充电电压应尽量低一些，并且使两阶段充电法中的定电流阶段时间与定电压充电时间之和应尽可能短一些，以尽快使均衡充电转入浮充充电。

在充电过程，电池电流在充电前期恒定不变（根据放电深度不一样，时间有不同，电池不同均衡充电电流在2.35V/个均衡充电电压时，如1.0I_{10}时，放电深度为100%C_{10}，时间为9h；1.25I_{10}时，同样放电深度为100%，时间为7h），即保持电池1.05I_{10}，蓄电池的端电压逐渐上升至2.35V/个之后，充电电压恒定不变。此时充电电流按指数规律迅速衰减，在10～20h电流衰减速率变慢，充电结束前几小时起，电流不再改变。充电电流提高时，充电时间可以缩短，均衡充电电压为2.35V/单体时，电池的充电容量与放电深度、充电电压、充电电流及时间的关系见表1-4。

表1-4　电池的充电容量与放电深度、充电电压、充电电流及时间的关系

充电时间及电流 / 放电深度/(%C_{10})	恒电流时间/h		恒电压时间/h		总时间/h	
	1.00I_{10}	1.25I_{10}	1.00I_{10}	1.25I_{10}	1.00I_{10}	1.25I_{10}
20	1.5	1.00	13	12	14.5	13.00
50	4.3	3.30	18	16	22.3	19.3
80	7.0	5.40	19	18	26.0	23.40
100	9.0	6.70	20	18	29.0	24.70

由于氧气阴极吸收铅酸蓄电池才能做成阀控密封式，但如果氧气析出速度过大（即充电电流过大），氧传输速度加快，负极电位会因发生了氧化反应速度加快而向正方向偏移，电池电压下降。这种情况下充电电流基本上都用于氧循环，使负极充电不足，引起硫酸盐化。因而阀控密封式铅酸蓄电池循环使用过程中前期（或100～200次循环），可以采用固定的过充电量2%～5%，以后必须逐步增加以对付逐步增加的氧循环速度。如果用固定的过充电量或恒电流定时间充电，均会导致电池充电不足；如用恒电压充电，则会引起严重过充电，甚至于发生热失控，这是由于充电末期电流越来越大。

三、放电特性

为了分析电池长期使用之后的损坏程度或充电装置的交流电源中断不对电池浮充时，为核对电池的容量，需要对电池进行放电。

恒电流放电过程中铅酸蓄电池的端电压变化如图 1-4 所示。刚开始放电时，电压下降很快（OA），这是由于极板微孔内形成的水分骤增，使其中硫酸浓度骤减引起的。放电中期，极板微孔中水分生成，与此同时极板外浓度较高的 H_2SO_4 渗入取得了动态平衡，故端电压下降较慢，形成 AB 段平台。放电电流越大，平台就越短，甚至没有平台；放电电流越小，平台就越长。放电末期极板上的活性物质已大部分转化为 $PbSO_4$，阻挡外部硫酸的渗入，电压下降较快，放电应当停止，此时的电池电压称为放电终止电压。电池的放电电流越大，终止电压越低；反之，小电流放电时的终止电压就应当较高。一般以放出 80%左右的额定容量为宜，目的是使正极活性物质中保留较多的 PbO_2 粒子，便于恢复充电过程中作为生长新粒子的结晶中心，以提高充电电流的效率。$5I_{10}$～$10I_{10}$ 放电曲线比 I_{10}～$4I_{10}$ 放电初期端压和中期端压变化速率变化大，其原因是高放电倍率下放电电流很大，电池极化作用随电流增加而变大。

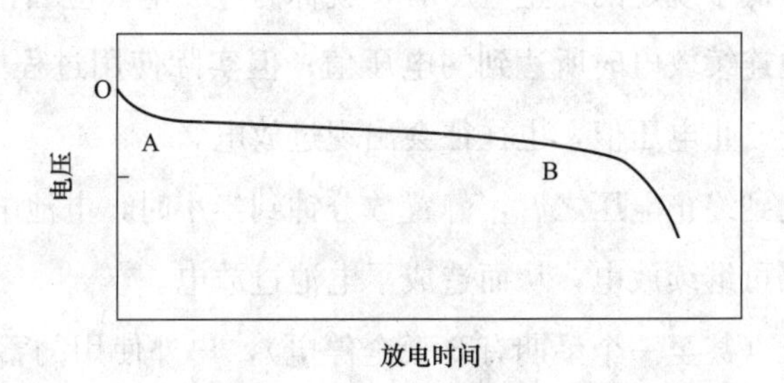

图 1-4 恒电流放电过程中铅酸蓄电池的端电压变化

阀控电池不同倍率的放电特性见表 1-5。

表 1-5 阀控电池不同倍率的放电特性

放电倍率	I_{10}	$2I_{10}$	$3I_{10}$	$4I_{10}$	$5I_{10}$	$6I_{10}$	$7I_{10}$	$8I_{10}$	$9I_{10}$	$10I_{10}$
放电时间	放电终止电压/V									
浮充断开	2.177	2.172	2.173	2.172	2.170	2.170	2.170	2.175	2.173	2.177
30s	2.108	3.063	2.048	2.018	2.005	1.986	1.976	1.949	1.938	1.917
1min	2.084	2.056	2.043	2.014	2.001	1.980	1.970	1.940	1.930	1.910
72s	2.083	2.052	2.040	2.013	2.000	1.980	1.968	1.938	1.927	1.908
3min	2.078	2.051	2.038	2.010	1.999	1.979	1.962	1.937	1.925	1.907
6min	2.077	2.050	2.030	2.007	1.998	1.977	1.958	1.935	1.917	1.897
12min	2.077	2.050	2.030	2.005	1.992	1.967	1.945	1.918	1.895	1.872

续表

放电倍率	I_{10}	$2I_{10}$	$3I_{10}$	$4I_{10}$	$5I_{10}$	$6I_{10}$	$7I_{10}$	$8I_{10}$	$9I_{10}$	$10I_{10}$
30min	2.077	2.047	2.022	2.002	1.963	1.928	1.892	1.848	1.800	0.5h1.75
1h	2.076	2.033	1.997	1.943	1.895	0.97h1.83	0.8h1.80	0.67h1.78	0.6h1.75	
2h	2.060	2.000	1.928	1.67h1.85	1.2h1.85					
3h	2.045	1.958	2.67h1.85							
4h	2.030	1.900								
5h	2.015	4.67h1.85								
6h	1.977									
7h	1.977									
8h	1.943									
9h	1.897									
10h	1.85									

当电池放电到电压低于规定的终止电压时，就称为过放电。应当指出，电池标准中规定的终止电压值，是电池连续放电时所达到的电压值；但实际使用过程中多是断断续续放电，那么即使放电到规定的终止电压值，也往往会出现过放电。

此外，当电池放电到终止电压之后，静置数分钟到半小时，电池电压会自动升高。这就误导了用户认为电池仍可继续放电，从而造成了电池过放电。

在经常停电的地区（甚至一个星期有 3 天全停电），户外使用的蓄电池甚至放电到 0V，还不能及时充电，造成电池严重硫酸盐化，这对电池寿命极为不利。

四、使用温度与容量关系

在环境温度−40～40℃范围内，蓄电池容量随温度降低而减小，这与温度对电解液黏度和电阻有严重影响密切相关。电解液温度升高时扩散速度增加，电阻降低，其电动势也略有增加，因此，铅蓄电池的容量及活性物质利用率随温度增加而增加。电解液温度降低时，其黏度增大，离子运动受到较大阻力，扩散能力降低；在低温下电解液的电阻也增大，电化学的反应阻力增加，结果导致蓄电池容量下降。在一定温度范围内，如 5～40℃，其放电容量可按式（1-9）换算，即

$$C_{10}=\frac{C_{R}}{1+k(t-25)} \tag{1-9}$$

式中 C_R——非基准温度时的放电容量，A·h；

t——放电时的环境温度，℃；

k——温度系数，10 小时放电率取 0.006/℃。

第三节 直流电源标称电压及蓄电池组的电池数量

一、直流系统的标称电压

电力工程中，直流系统电压等级分为220、110、48、24V等，常用的电压等级为220V和110V。一些用于弱电控制、信号的直流系统采用48V。

直流电压等级直接影响到蓄电池、充电装置、电缆截面和其他直流设备的选择。

1. 220V直流电压

以往我国发电厂和变电站大多数采用单一的220V电压。采用220V电压可以选用较小的电缆截面积，节省有色金属、降低电缆投资。但采用单一的220V直流电压存在如下问题。

(1) 220V直流系统要求绝缘水平高。220V蓄电池组的绝缘电阻不应低于0.2MΩ；110V蓄电池组的绝缘电阻不应低于0.1MΩ。

(2) 在220V直流系统中，大量采用的中间继电器由于其线圈导线线径小，易发生断线事故，且断线后难以检测查明，以致造成保护装置拒动或误动。为克服继电器线径小、易断线的问题，有些工程中采用2个110V继电器串联或1个110V继电器和电阻串联的办法，但这样做增加了设备及接线的复杂性。

(3) 在发电厂和变电站中，当采用单一的220V直流电压时，往往使得直流网络过于庞大和复杂，使得直流接地故障查找困难；此外直流网络过大，系统对地电容增大，当出现一点接地时，由于电容放电作用可能导致某些装置误动作。

2. 110V直流电压

与220V直流系统相比，110V直流系统具有以下特点。

(1) 所需蓄电池个数少，占地面积较小，安装维护方便。

(2) 绝缘水平要求低，系统中配备的中间继电器线圈线径较大，减少了线圈断线和接地的故障几率。

(3) 由于电压水平较低，从而相对降低了继电器触点断开时所产生的干扰电压幅值，并减小了对电子元件构成的保护和自动装置的干扰。

(4) 由于电压水平低，使得直流负荷电流成倍增加，从而使所需电缆截面积相应增大。

(5) 对相同容量的负荷，与220V相比，110V需要的蓄电池容量约增加1倍。因此，通常在负荷电流较小、供电距离较短的控制、信号和保护用电源中才推荐采用110V电压。

3. 直流电压的选择

直流电源系统标称电压的确定将直接影响到蓄电池个数、充电装置容量、电缆截面及相关设备的选择，同时，各个等级电压也有本身所固有的优缺点，再加上运行、维护和管理等方面的因素，应做全面考虑。蓄电池组正常以浮充方式运行，直流系统母线电压为直流系统额定电压的105%，即220V系统母线电压为230V，110V系统母线电压为115V，48V系统母线电压为50V。其他充放电运行或蓄电池事故放电末期直流设备所允许的电压波动范围，按《电力工程直流电源系统设计技术规程》（DL/T 5044—2014）的要求为：

1）专供控制负荷的直流电源系统电压宜采用110V，也可采220V；110V直流电压主要适用于110kV及以下变电站、发电厂升压站（GIS）、发电厂专供机组控制负荷的直流电源系统。因基本上都是控制负荷，每个回路电流较小（一般不大于5A），且供电距离也不太长，采用110V直流电压更有利于直流电源系统安全运行，减少直流电源系统的接地故障。需要提醒的是，当110V直流电压供电敷设距离大于250m时，按工作电流为5A计算，直流电缆允许电压降已超过直流电源系统标称电压的6%，控制电缆截面也大于6mm^2，因此110V直流电压的供电范围不宜大于250m。

2）专供动力负荷的直流电源系统电压宜采用220V；直流动力负荷功率较大，供电距离较长，采用220V电压可以减小电缆截面，节约投资，方便施工，通过技术经济比较，推荐采用220V电压等级。

3）控制负荷和动力负荷合并供电的直流电源系统电压可采用220V或110V；对于单元机组动控合一的直流电源系统电压，由于有直流电动机等大负荷，故推荐采用220V；对于直流供电范围不大于250m的升压站，其直流电源系统电压推荐采用110V。当升压站直流电源系统需要采用220V电压等级时，为保持全厂控制电压的一致性，机组直流专用控制电压也采用220V。

4）全厂（站）直流控制电压应采用相同电压，扩建和改建工程宜与已有厂（站）直流电压一致。全厂直流控制电压应保持一致，是为了避免在控制柜、保护柜内同时出现两种不同电压，例如在与升压站有关联的发电机——变压器组的控制和保护柜中，是为了方便运行人员检修和维护，防止误操作已造成不必要的事故。对于扩建和改建的发电厂，推荐采用与老厂相同的机组直流控制电压。

在正常运行情况下，直流母线电压应为直流电源系统标称电压的105%，直流母线电压比直流电源系统标称电压高5%，允许向直流负荷供电时有5%的电缆电压降，以保证供电的电压水平。

在均衡充电运行情况下，直流母线电压主要是保证用电设备对电压水平的要求，直流母线电压应满足下列要求：

1）控制负荷主要是控制、信号和继电保护装置等，专供控制负荷的直流电源系统不应高于直流电源系统标称电压的110%。

2）动力负荷主要是直流电动机、UPS装置等，在正常运行时一般不投入使用，但当投入时电流很大，为保证电缆电压降，专供动力负荷的直流电源系统允许将最高电压提高到112.5%，同时也不会对设备本身造成损坏。

3）对控制负荷和动力负荷合并供电的直流电源系统，首先满足控制负荷的要求，不应高于直流电源系统标称电压的110%。

在事故放电末期，蓄电池组出口端电压不应低于直流电源系统标称电压的87.5%，这是为了满足直流保护电器选择性配合需要。首先，这有利于直流电缆的选择，电缆截面可以普遍减小；其次，由于各断路器之间电缆电压降增加，电流差值加大，有利于直流断路器的选择性动作。当然，将事故放电末期的电压抬高，理论上意味着蓄电池容量也将加大，但从实际应用来说，目前阀控密封铅酸蓄电池的终止电压一般选用1.85～1.87V，已基本满足87.5%U。因此，终止电压的要求，基本不会导致实际蓄电池组容量的增加。

二、蓄电池组的电池数量

直流系统的电压水平是衡量直流供电质量的重要指标。直流系统的电压水平取决于直流系统的接线方式、单体蓄电池的放电电压和蓄电池组的电池个数。

1. 蓄电池组数配置

《电力工程直流电源系统设计技术规程》（DL/T 5044—2014）中规定，电力系统中变电站和发电厂直流系统蓄电池组的配置应符合下列要求。

（1）单机容量为125MW级以下机组的火力发电厂，当机组台数为2台及以上时，全厂宜装设2组控制负荷和动力负荷合并供电的蓄电池。对机炉不匹配的发电厂，可根据机炉数量和电气系统情况，为每套独立的电气系统设置单独的蓄电池组。其他情况下可装设1组蓄电池。

（2）单机容量为200MW级及以下机组的火力发电厂，当控制系统按单元机组设置时，每台机组宜装设2组控制负荷和动力负荷合并供电的蓄电池。

（3）单机容量为300MW级机组的火力发电厂，每台机组宜装3组蓄电池，其中2组对控制负荷供电，1组对动力负荷供电，也可装设2组控制负荷和动力负荷合并供电的蓄电池。

（4）单机容量为600MW级及以上机组的火力发电厂，每台机组应装设3组蓄电池，其中2组对控制负荷供电，1组对动力负荷供电。

（5）对于燃气—蒸汽联合循环发电厂，可根据燃机形式、接线方式、机组容量和直流负荷大小，按套或按机组装设蓄电池组，蓄电池组数应符合本规定（1）～（3）的规定。

（6）发电厂升压站设有电力网络计算机监控系统时，220kV及以上的配电装置应独立设置2组控制负荷和动力负荷合并供电的蓄电池组。当高压配电装置设有多个网络继电器室时，也可按继电器室分散装设蓄电池组。110kV 配电装置根据规模可设置 2 组或 1 组蓄电池。

(7) 110kV 及以下变电站宜装设 1 组蓄电池，对于重要的 110kV 变电站也可装设 2 组蓄电池。

(8) 220～750kV 变电站应装设 2 组蓄电池。

(9) 1000kV 变电站宜按直流负荷相对集中配置 2 套直流电源系统，每套直流电源系统装设 2 组蓄电池。

(10) 当串补站毗邻相关变电站布置且技术经济合理时，宜与毗邻变电站共用蓄电池组。当串补站独立设置时，可装设 2 组蓄电池。

(11) 直流换流站宜按极或阀组和公用设备分别设置直流电源系统，每套直流电源系统应装设 2 组蓄电池。站公用设备用蓄电池组可分散或集中设置。背靠背换流站宜按背靠背换流单元和公用设备分别设置直流电源系统，每套直流电源系统应装设 2 组蓄电池。

2. 直流系统的接线方式

直流系统的接线方式可以分为无端电池和有端电池两种。这两种接线所要求的蓄电池放电电压和蓄电池组的电池个数均不相同。

(1) 无端电池的直流系统。

1) 蓄电池个数的选择。应按浮充电运行时单体电池正常浮充电电压值和直流母线电压为 $1.05U_n$ 来确定电池个数，即

$$n_f = \frac{1.05U_n}{U_f} \tag{1-10}$$

式中 U_n——直流系统标称电压，V；

U_f——单体电池的浮充电压，V。

2) 蓄电池均衡充电电压的选择。蓄电池均衡充电电压应根据蓄电池组的电池个数及直流母线允许的最高电压值选择。

a. 专供动力负荷的蓄电池组，直流母线电压不宜高于 $1.125U_n$，即

$$U_c \leqslant \frac{1.125U_n}{n_f} \tag{1-11}$$

式中 U_c——蓄电池均衡充电时单体电池的电压，V。

b. 专供控制负荷和供控制、动力负荷公用的蓄电池组，直流母线电压不宜高于 $1.10U_n$，则均衡充电电压应满足

$$U_c \leqslant \frac{1.10U_n}{n_f} \tag{1-12}$$

3）蓄电池放电终止电压的选择。当根据直流母线允许的最低电压考虑时，需计及蓄电池组至直流母线间的电压降，而此段电缆或导体长短不一，因此电压降大小不等，为简化计算，改为蓄电池组出口端电压允许的最低电压，以此来选择蓄电池的放电终止电压U_d。

a. 专供控制负荷和供控制、动力负荷公用的蓄电池组，应满足

$$U_d \geqslant \frac{0.875U_n}{n_f} \tag{1-13}$$

式中 U_d——蓄电池的允许放电终止电压，V。

b. 专供控制负荷的蓄电池组，应满足

$$U_d \geqslant \frac{0.85U_n}{n_f} \tag{1-14}$$

（2）有端电池的直流系统。

有端电池直流系统的接线方式，蓄电池组由n个电池组成，其中包括n_0个基本电池和n_a个端电池。蓄电池个数的确定方法如下。

1）电池总个数。事故放电末期，全部电池均接入直流母线，故电池总个数为

$$n = \frac{1.05U_n}{U_{df}} \tag{1-15}$$

式中 U_{df}——事故放电末期单体电池的电压。

对容量由持续负荷决定的蓄电池组，取U_{df}等于与放电率相对应的放电终止电压，比如以1h放电率放电1h，铅酸蓄电池取$U_{df}=1.75$V。对持续放电负荷较小，容量由冲击负荷决定的蓄电池组，U_{df}等于相应放电末期电压，由放电曲线查出，比如以10h放电率放电1h，铅酸蓄电池取$U_{df}=1.98$V。

2）基本电池个数。充电末期，接入直流母线的电池称为基本电池。其个数为

$$n_0 = \frac{1.05U_n}{U_{cf}} \tag{1-16}$$

式中 U_{cf}——蓄电池充电末期单体电池的电压，铅酸蓄电池为2.70V。

3）端电池个数。充电末期不接入直流母线的蓄电池称为端电池。其个数为

$$n_d = n - n_0 \tag{1-17}$$

4）浮充电池个数。按式（1-17）确定。无端电池铅酸蓄电池组单体2V电池参数选择参考数值见表1-6，无端电池阀控式密封铅酸蓄电池组的组合6V和12V电池参数选择参考数值见表1-7。

表 1-6　　无端电池铅酸蓄电池组单体 2V 电池参数选择参考数值

	浮充电压/V	2.15		2.23		2.25	
	均充电压/V	2.30		2.33		2.35	
系统标称电压 220V	蓄电池数量/块	106	107	103	104	102	103
	浮充时母线电压/V	227.90	230	229.70	231.90	229.50	231.75
	均充时母线电压（$\%U_n$）	110.82	111.86	110	111.10	108.96	110
	放电终止电压/V	1.80	1.80	1.87	1.85	1.87	1.87
	母线最低电压（$\%U_n$）	86.73	87.55	87.55	87.45	86.70	87.55
系统标称电压 110V	蓄电池数量/块	52	53	51	52	50	51
	浮充时母线电压/V	111.80	113.95	113.73	115.96	112.50	114.75
	均充时母线电压（$\%U_n$）	108.73	110.82	108.03	110.15	106.82	109
	放电终止电压/V	1.83	1.80	1.87	1.85	1.87	1.87
	母线最低电压（$\%U_n$）	86.51	86.73	86.70	87.46	85	86.70
系统标称电压 48V	蓄电池数量/块	22	23	22	23	22	23
	浮充时母线电压/V	47.30	49.45	49.06	51.29	49.50	51.75
	均充时母线电压（$\%U_n$）	105.42	110.21	106.79	111.65	107.71	112.60
	放电终止电压/V	1.87	1.80	1.87	1.83	1.87	1.83
	母线最低电压（$\%U_n$）	85.71	86.25	85.71	87.69	85.71	87.69
系统标称电压 24V	蓄电池数量/块	11	12	11		11	
	浮充时母线电压/V	23.65	25.80	24.53		24.75	
	均充时母线电压（$\%U_n$）	105.42	115	106.79		107.71	
	放电终止电压/V	1.87	1.75	1.87		1.87	
	母线最低电压（$\%U_n$）	85.71	87.50	85.71		85.71	

表 1-7　　无端电池阀控式密封铅酸蓄电池组的组合 6V 和 12V 电池参数选择参考数值

系统标称电压/V	组合电池电压/V	电池数量/块	浮充电压/V	浮充时母线电压/V	均充电压/V	均充时母线电压（$\%U_n$）	放电终止电压/V	母线最低电压（$\%U_n$）
220	6	34	6.75	229.50	7.05	108.96	5.61	86.70
		34+1（2V）		231.75		110	5.61	87.55
	12	17	13.50	229.50	14.10	108.96	11.22	86.70
		17+1（2V）		231.75		110	11.22	87.55
110	6	16+1（4V）	6.75	112.50	7.05	106.82	5.61	85
		17		114.75		109	5.61	86.70
	10	10	11.25	112.50	11.75	106.82	9.35	85
	12	8+1（4V）	13.50	112.50	14.10	106.82	11.22	85
		8+1（6V）		114.75		109	11.22	86.70

续表

系统标称电压/V	组合电池电压/V	电池数量/块	浮充电压/V	浮充时母线电压/V	均充电压/V	均充时母线电压（%U_n）	放电终止电压/V	母线最低电压（%U_n）
48	4	11	4.50	49.50	4.70	107.71	3.74	85.71
	6	7+1（2V）	6.75	49.50	7.05	107.71	5.61	85.71
		7+1（4V）		51.75		112.60	5.49	87.69
	12	3+1（8V）	13.50	49.50	14.10	107.71	11.22	85.71
		3+1（10V）		51.75		112.60	10.98	87.69
24	4	5+1（2V）	4.50	24.75	4.70	107.71	3.74	85.71
	6	3+1（4V）	6.75		7.05		5.61	
	10	2+1（2V）	11.25		11.75		9.35	
	12	1+1（10V）	13.50		14.10		11.22	

有端电池铅酸蓄电池组的电池数量见表1-8。

表1-8　有端电池铅酸蓄电池组的电池数量

电压等级 应用场所	220V		110V	
	发电厂	变电站	发电厂	变电站
总电池数	130	118	65	59
基本电池数	88	88	44	44
端电池数	42	30	21	15

注　根据实践经验，电池抽头宜按下列号数设置：
发电厂：88，92，96，100，103，105，107，111，118，122，126；
变电站：88，91，94，96，98，100，102，104，106，108，110，116。

端电池的设置取决于蓄电池的类型。铅铅酸蓄电池一般不设端电池，因为只要设计中选取适当的电池个数，均衡充电时设定合适的电压值，运行电压不超过规定限值，直流母线电压就不会超过最高限值，事故放电末期也不会低于最低限值。当然，如果只有1组蓄电池，又要进行核对性放电，则只能采用1组临时（移动式）备用蓄电池代替。

需要说明的是：表1-6～表1-8中所推荐的个数有两个，电力工程设计时宜根据工程实际情况确定，尽量兼顾到系统内设备正常运行电压的允许范围，并保证事故状态末期满足安全可靠运行要求。如表1-6中，系统标称电压为220V时，浮充电压为2.15V时，电池个数可取106或107；浮充电压为2.23V时，电池个数可取103或104；浮充电压为2.25V时，电池个数宜取102或103。当取低值时，在正常浮充电运行情况下，直流母线电压较低，不会超过230V，对设备的安全运行有好处，尤其对经常点亮的信号灯可延长使用寿命。当取高值时，能更好地满足远端负荷的要求。

单体蓄电池浮充电电压应根据厂家推荐值选取，当无产品资料时阀控式密封铅酸蓄电池的单体浮充电电压宜取 2.23～2.27V，一般取 2.25V。

单体蓄电池均衡充电电压应根据直流系统中直流负荷允许的最高电压值和蓄电池的个数来确定，但不得超出产品规定的电压允许范围。直流负荷允许的最高电压各不相同，一般应取其中较低数值。

第四节　蓄电池容量计算的特性曲线

一、用于容量计算的铅酸蓄电池特性曲线

用于容量计算的铅酸蓄电池特性曲线有 4 种。

1. 放电特性曲线

图 1-5 所示为 GF-1000Ah 蓄电池不同放电率时时间与电压的关系曲线，该曲线表示不同放电率下，铅酸蓄电池的端电压和放电时间的关系。放电率一般取（1.0～10.0）I_{10}A；放电终止电压最低值取 1.65V 或 1.70V。该曲线用于在给定放电率和放电时间下确定蓄电池的端电压，进而计算直流系统电压。该曲线纵坐标为放电电压 U，横坐标为放电时间 t。

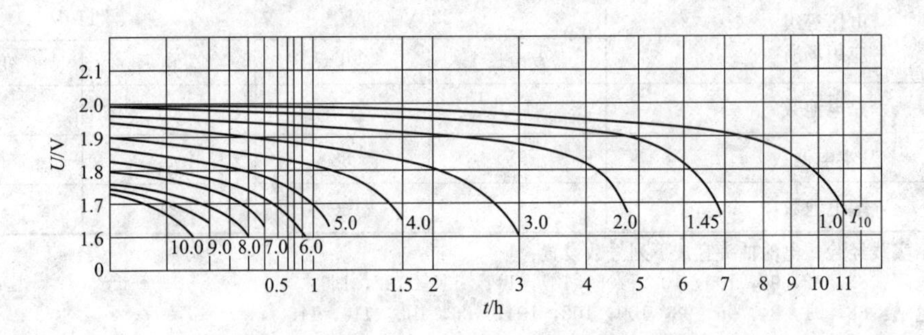

图 1-5　GF-1000Ah 蓄电池不同放电率时，时间与电压的关系曲线

2. 冲击放电曲线

GF-1000Ah 型蓄电池持续放电冲击放电曲线族如图 1-6 所示。其中包括浮充充电、突然停止浮充（“虚线”和“0 线”）以及以放电率（1.0～7.0）I_{10}A 持续放电等工况下的曲线，表示在不同放电率下，蓄电池承受冲击放电时的端电压和冲击放电电流的关系。

（1）浮充充电曲线。浮充充电曲线表示在正常浮充电工况下，蓄电池承受冲击放电电流时的电压值。由于在该工况下，蓄电池端电压较高，故该曲线位于其他冲击放电曲线之上。如图 1-6 中的虚线表示由浮充充电转入静置状态初期的冲击放电曲线，录制的条件如下：将蓄电池充足电，按浮充充电运行 6～8h，然后断开浮充电电源，并立即施加冲击放电电流，录取一组冲击放电电流与相应的冲击放电电压值，然后做出曲线。该曲线稍低于浮充电曲线。

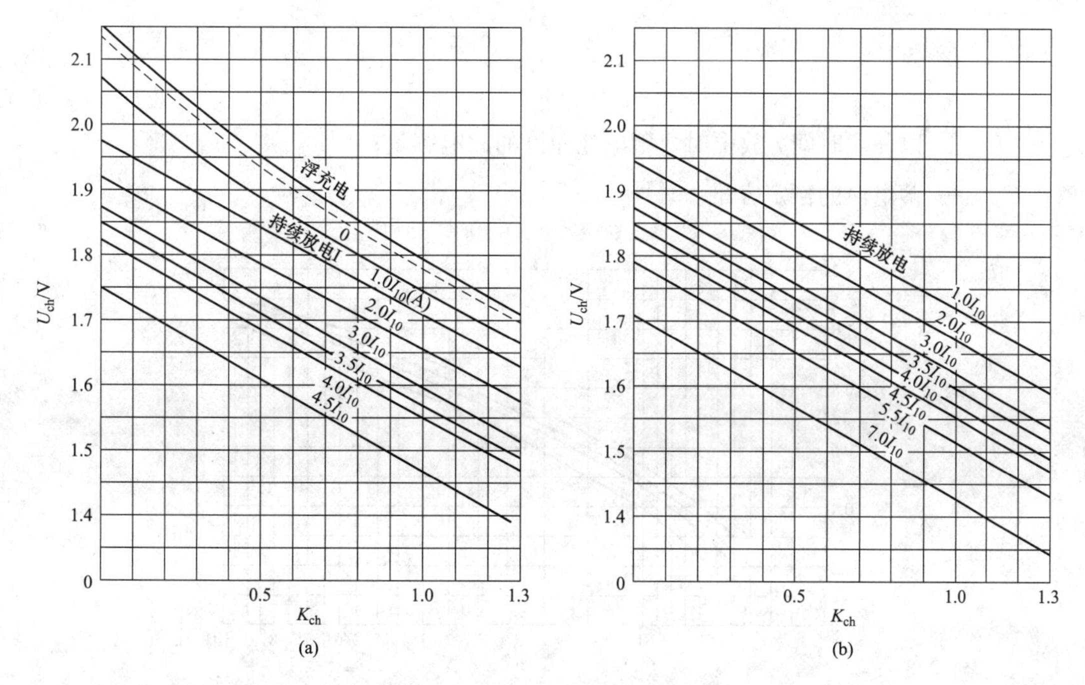

图 1-6　GF-1000Ah 型蓄电池持续放电冲击放电曲线族

(a) 持续放电 1.0h；(b) 持续放电 0.5h

(2) 0 曲线。0 曲线也属于由浮充电转入静置状态的冲击曲线，其录制条件如下：将蓄电池充足电，浮充电运行 6～8h，然后断开浮充电电源，静置 8～15h，直至电池端电压降至稳定不变时，再施加冲击放电电流，并录取一组冲击放电电流与冲击放电电压，然后做出曲线。显然，由于施加冲击放电电流时蓄电池电压较低，因此该曲线低于图中的虚线。

(3) 其他冲击放电曲线。在蓄电池以（1.0～7.0）I_{10}A 放电率持续放电 1h［见图 1-6（a)］或 0.5h［见图 1-6（b)］后，施加冲击放电电流时的冲击放电曲线。放电率越大，相同冲击放电电流下的电压越低，以不同放电率持续放电的冲击放电曲线是一组近似平行的斜线。该曲线的纵坐标为冲击放电时蓄电池端电压 U_{ch}，横坐标为冲击系数 $K_{ch}=I_{ch}/I_{10}$，持续放电的放电率以（1.0～7.0）I_{10}A 表示。

3. 容量系数曲线

GF 型蓄电池放电容量与放电时间的关系曲线如图 1-7 所示。该曲线也称为 K_{cc} 曲线，它表示不同放电终止电压下，蓄电池容量系数 K_{cc} 与放电时间 t 的关系。由于相同的放电时间下，放电终止电压越高，放出的容量越小。所以随放电终止电压的增大，K_{cc} 曲线下移。曲线 1～4 所对应的放电终止电压分别为 1.80、1.75、1.70V 和 1.65V。

K_{cc} 为容量系数，即以额定容量 C_{10} 为基准的放电容量的标准值，其定义为

$$K_{cc}=\frac{C}{C_{10}} \tag{1-18}$$

式中　C——以任意时间 t 放电时，蓄电池允许的放电容量；

C_{10}——蓄电池的额定容量。

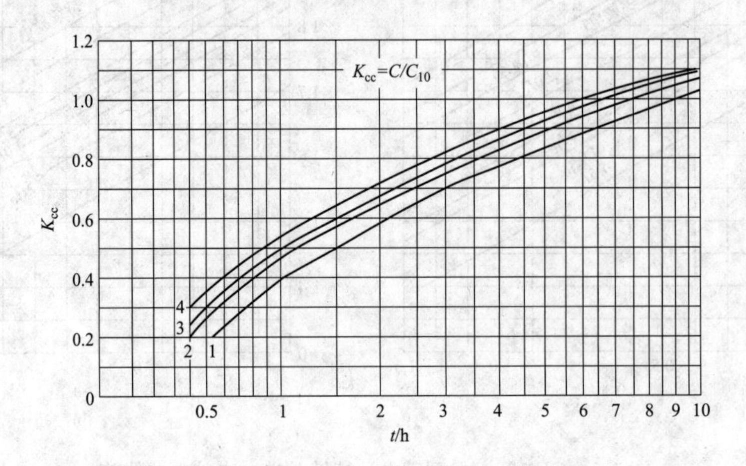

图 1-7　GF 型蓄电池放电容量与放电时间的关系曲线

容量系数也可以用数据表形式表示。用容量换算法计算蓄电池容量时，可由放电终止电压和放电时间查找容量系数 K_{cc}。

4. 容量换算系数曲线

GF 型蓄电池容量换算系数曲线如图 1-8 所示。该曲线也称为 K_c 曲线，它表明在不同放电终止电压下，蓄电池的容量换算系数 K_c 与放电时间 t 的关系。容量换算系数曲线用于根据放电电流、放电终止电压和放电时间查找容量换算系数。

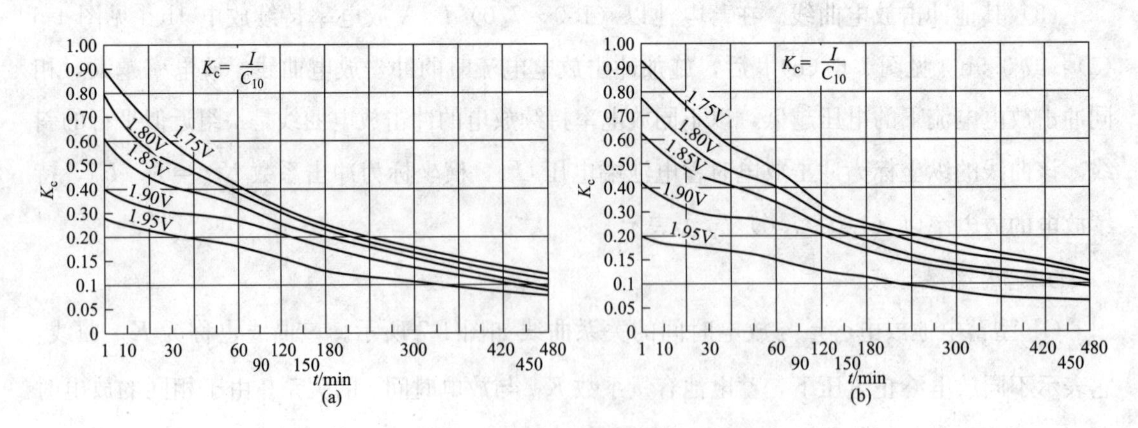

图 1-8　GF 型蓄电池容量换算系数曲线

(a) GF-2000 型蓄电池；(b) GF-3000 型蓄电池

K_c 为容量换算系数，即额定容量 1A·h 的电池所承担的放电电流，其定义为

$$K_c=\frac{I}{C_{10}} \tag{1-19}$$

式中 I——蓄电池放电电流，A。

二、蓄电池特性曲线的特点

由上述4种特性曲线可以看出，蓄电池容量和电压水平由事故放电电流、冲击放电电流、放电时间、放电终止电压、容量系数及容量换算系数这些参量决定，它们的相互关系如下。

（1）在给定的放电电流下，放电时间越长，放电末期的电压越低；冲击放电电流越大，冲击放电电压越低。

（2）在给定的放电终止电压下，放电电流越小，则放电时间越长，允许放出的容量越大，即容量系数越大，容量换算系数越低。

（3）在给定的放电时间内，放电终止电压越高或放电电流越小，则放出的容量越小，容量系数越小，容量换算系数也越小。

三、典型的蓄电池特性曲线

试验录取各类蓄电池特性曲线是一项十分艰苦且复杂的工作，在不同的环境条件下，不同的试验方法和不同的测试仪器都可能得到不同的试验结果，所以蓄电池的制造商应向用户提供自己产品的准确可靠的特性曲线，以保证用户正确、合理使用这些特性曲线选择正确的蓄电池容量和个数。但在电力工程的前期，尚没有确定蓄电池具体生产厂家的时候，就无法得到具体厂家的产品特性。所以为了估算蓄电池的容量和个数，应该根据在实际应用过程中采集和积累的同类产品的典型测试数据作为蓄电池选型的依据。

《电力工程直流电源系统设计技术规程》（DL/T 5044—2014）中的一些特性曲线或特性参数，可供蓄电池选型计算参考。需要注意的是，这些曲线或参数只能用于工程的初步设计阶段，供设备选型和工程概算之用。在工程的施工设计阶段，当明确了蓄电池的生产厂家后，应要求厂家提供采用产品的所有特性参数进行复核计算，以验证其选型及选择容量的准确性。

四、各类蓄电池应用图表

1. 容量系数和容量换算系数

（1）GF型2000Ah及以下防酸式铅酸蓄电池容量系数和容量换算系数见表1-9。

（2）GFD型3000Ah及以下防酸式铅酸蓄电池容量系数和容量换算系数见表1-10。

（3）阀控式密封铅酸蓄电池的容量系数和容量换算系数见表1-11～表1-13。

表 1-9　**GF 型 2000Ah 及以下防酸式铅酸蓄电池容量系数和容量换算系数**

放电终止电压/V	容量系数和容量换算系数	不同放电时间 t 的 K_{cc} 及 K_c 值																
		5s	1min	29min	0.5h	59min	1.0h	89min	1.5h	2.0h	179min	3.0h	4.0h	5.0h	6.0h	7.0h	479min	8.0h
1.75	K_{cc}				0.290		0.450		0.60	0.660		0.780	0.880	0.900	0.972	0.980		0.992
	K_c	1.010	0.900	0.590	0.580	0.467	0.460	0.402	0.40	0.330	0.260	0.260	0.220	0.180	0.162	0.140	0.124	0.124
1.80	K_{cc}				0.260		0.410		0.525	0.600		0.720	0.760	0.850	0.900	0.910		0.920
	K_c	0.900	0.780	0.530	0.520	0.416	0.410	0.354	0.350	0.300	0.240	0.240	0.190	0.170	0.150	0.130	0.115	0.115
1.85	K_{cc}				0.210		0.350		0.480	0.520		0.630	0.700	0.800	0.840	0.854		0.856
	K_c	0.740	0.600	0.430	0.420	0.355	0.350	0.323	0.320	0.260	0.210	0.210	0.175	0.160	0.140	0.122	0.107	0.107
1.90	K_{cc}				0.160		0.280		0.390	0.440		0.540	0.660	0.700	0.750	0.798		0.816
	K_c		0.400	0.330	0.320	0.284	0.280	0.262	0.260	0.220	0.180	0.180	0.165	0.140	0.125	0.114	0.102	0.102
1.95	K_{cc}				0.111		0.192		0.270	0.320		0.390	0.496	0.550	0.648	0.700		0.704
	K_c		0.300	0.228	0.221	0.200	0.192	0.18	0.180	0.160	0.130	0.130	0.124	0.110	0.108	0.100	0.088	0.088

注　容量系数 $K_{cc}=\frac{C_t}{C_{10}}=K_c t$（$t$—放电时间，h）；容量换算系数 $K_c=\frac{I_t}{C_{10}}$（1/h）$=\frac{K_{cc}}{t}$（t—放电时间，h）。

表 1-10　GFD 型 3000Ah 及以下防酸式铅酸蓄电池（单体 2V）的容量系数和容量换算系数

放电终止电压/V	容量系数和容量换算系数	不同放电时间 t 的 K_{cc} 及 K_c 值																
		5s	1min	29min	0.5h	59min	1.0h	89min	1.5h	2.0h	179min	3.0h	4.0h	5.0h	6.0h	7.0h	479min	8.0h
1.75	K_{cc}				0.310		0.470		0.588	0.640		0.810	0.880	0.950	0.960	1.036		1.040
	K_c	1.010	0.890	0.630	0.620	0.477	0.470	0.395	0.392	0.320	0.270	0.270	0.220	0.190	0.160	0.148	0.130	0.130
1.80	K_{cc}				0.260		0.410		0.530	0.400		0.750	0.820	0.850	0.852	0.910		0.920
	K_c	0.900	0.740	0.530	0.520	0.416	0.410	0.356	0.353	0.200	0.250	0.250	0.205	0.170	0.142	0.130	0.115	0.115
1.85	K_{cc}				0.205		0.340		0.425	0.540		0.660	0.720	0.720	0.780	0.826		0.832
	K_c	0.740	0.610	0.420	0.410	0.345	0.340	0.286	0.283	0.270	0.220	0.220	0.180	0.144	0.130	0.118	0.104	0.104
1.90	K_{cc}				0.160		0.271		0.375	0.440		0.570	0.620	0.620	0.612	0.685		0.672
	K_c		0.470	0.330	0.320	0.275	0.271	0.252	0.250	0.220	0.190	0.190	0.155	0.124	0.102	0.094	0.084	0.084
1.95	K_{cc}				0.111		0.182		0.257	0.332		0.450	0.600	0.520	0.522	0.539		0.544
	K_c		0.280	0.180	0.221	0.185	0.182	0.173	0.171	0.166	0.150	0.150	0.150	0.104	0.087	0.077	0.068	0.068

注　容量系数 $K_{cc}=\frac{C_t}{C_{10}}=K_c t$（$t$—放电时间，h）；容量换算系数 $K_c=\frac{I_t}{C_{10}}$（1/h）$=\frac{K_{cc}}{t}$（t—放电时间，h）。

表 1-11　阀控式密封铅酸蓄电池（贫液）（单体 6V 或 12V）的容量系数和容量换算系数

放电终止电压/V	容量系数和容量换算系数	不同放电时间 t 的 K_{cc} 及 K_c 值																
		5s	1min	29min	0.5h	59min	1.0h	89min	1.5h	2.0h	179min	3.0h	4.0h	5.0h	6.0h	7.0h	479min	8.0h
1.75	K_{cc}				0.500		0.700		0.764	0.870		0.936	0.972	1.000	1.032	1.099		1.136
	K_c	2.080	1.990	1.010	1.000	0.708	0.700	0.513	0.509	0.435	0.312	0.312	0.243	0.200	0.172	0.157	0.142	0.142
1.80	K_{cc}				0.495		0.680		0.756	0.858		0.915	0.956	0.990	1.020	1.085		1.120
	K_c	2.000	1.880	1.000	0.990	0.691	0.680	0.509	0.504	0.429	0.305	0.305	0.239	0.198	0.170	0.155	0.14	0.140
1.83	K_{cc}				0.490		0.656		0.743	0.832		0.891	0.936	0.985	1.008	1.071		1.104
	K_c	1.930	1.820	0.988	0.979	0.666	0.656	0.498	0.495	0.416	0.297	0.297	0.234	0.197	0.168	0.153	0.138	0.138
1.85	K_{cc}				0.482		0.629		0.731	0.816		0.885	0.924	0.980	1.002	1.064		1.008
	K_c	1.810	1.740	0.976	0.963	0.639	0.629	0.489	0.487	0.408	0.295	0.295	0.231	0.196	0.167	0.152	0.136	0.136
1.87	K_{cc}				0.465		0.600		0.729	0.798		0.867	0.880	0.970	0.990	1.043		1.064
	K_c	1.750	1.670	0.943	0.929	0.610	0.600	0.481	0.479	0.399	0.289	0.289	0.220	0.194	0.165	0.149	0.133	0.133
1.90	K_{cc}				0.421		0.571		0.693	0.774		0.837	0.884	0.945	0.960	1.001		1.016
	K_c	1.670	1.590	0.585	0.841	0.576	0.571	0.464	0.462	0.387	0.279	0.279	0.211	0.189	0.160	0.143	0.127	0.127

注　容量系数 $K_{cc}=\frac{C_t}{C_{10}}=K_c t$（$t$—放电时间，h）；容量换算系数 $K_c=\frac{I_t}{C_{10}}$（1/h）$=\frac{K_{cc}}{t}$（t—放电时间，h）。

表 1-12 阀控式密封铅酸蓄电池（贫液）（单体 2V）的容量系数和容量换算系数表

放电终止电压/V	容量系数和容量换算系数	不同放电时间 t 的 K_{cc} 及 K_c 值																
		5s	1min	29min	0.5h	59min	1.0h	89min	1.5h	2.0h	179min	3.0h	4.0h	5.0h	6.0h	7.0h	479min	8.0h
1.75	K_{cc}				0.492		0.615		0.719	0.774		0.867	0.936	0.975	1.014	1.071		1.080
	K_c	1.54	1.53	1.000	0.984	0.620	0.615	0.482	0.479	0.387	0.289	0.289	0.234	0.195	0.169	0.153	0.135	0.135
1.80	K_{cc}				0.450		0.598		0.708	0.748		0.840	0.896	0.950	0.996	1.050		1.056
	K_c	1.45	1.43	0.920	0.900	0.600	0.598	0.476	0.472	0.374	0.28	0.280	0.224	0.190	0.166	0.150	0.132	0.132
1.83	K_{cc}				0.412		0.565		0.683	0.714		0.810	0.868	0.920	0.960	1.015		1.016
	K_c	1.38	1.33	0.843	0.823	0.570	0.565	0.458	0.455	0.357	0.27	0.270	0.217	0.184	0.160	0.145	0.127	0.127
1.85	K_{cc}				0.390		0.540		0.642	0.688		0.786	0.856	0.900	0.942	0.980		0.984
	K_c	1.34	1.24	0.800	0.780	0.558	0.540	0.432	0.428	0.341	0.262	0.262	0.214	0.180	0.157	0.140	0.123	0.123
1.87	K_{cc}				0.378		0.520		0.612	0.668		0.774	0.836	0.885	0.930	0.959		0.960
	K_c	1.27	1.18	0.764	0.755	0.548	0.520	0.413	0.408	0.334	0.258	0.258	0.209	0.177	0.155	0.137	0.120	0.120
1.90	K_{cc}				0.338		0.490		0.572	0.642		0.759	0.800	0.850	0.900	0.917		0.914
	K_c	1.19	1.12	0.685	0.676	0.495	0.490	0.383	0.381	0.321	0.253	0.253	0.200	0.170	0.150	0.131	0.118	0.118

注 容量系数 $K_{cc}=\frac{C_t}{C_{10}}=K_c t$（$t$—放电时间，h）；容量换算系数 $K_c=\frac{I_t}{C_{10}}$（1/h）$=\frac{K_{cc}}{t}$（t—放电时间，h）。

表 1-13　阀控式密封铅酸蓄电池（胶体）（单体 2V）的容量系数和容量换算系数

放电终止电压/V	容量系数和容量换算系数	不同放电时间 t 的 K_{cc} 及 K_c 值																
		5s	1min	29min	0.5h	59min	1.0h	89min	1.5h	2.0h	179min	3.0h	4.0h	5.0h	6.0h	7.0h	479min	8.0h
1.80	K_{cc}				0.405		0.520		0.630	0.660		0.750	0.784	0.830	0.854	0.889		0.928
	K_c	1.23	1.17	0.820	0.810	0.530	0.520	0.430	0.420	0.330	0.250	0.250	0.196	0.166	0.144	0.127	0.116	0.116
1.83	K_{cc}				0.365		0.490		0.570	0.620		0.690	0.760	0.810	0.820	0.840		0.912
	K_c	1.12	1.06	0.740	0.73	0.500	0.490	0.390	0.380	0.310	0.230	0.230	0.190	0.162	0.138	0.120	0.114	0.114
1.87	K_{cc}				0.330		0.450		0.555	0.580		0.660	0.720	0.780	0.804	0.819		0.880
	K_c	1.00	0.94	0.670	0.660	0.460	0.450	0.376	0.370	0.290	0.220	0.220	0.180	0.156	0.134	0.117	0.110	0.110
1.90	K_{cc}				0.300		0.424		0.525	0.548		0.630	0.688	0.750	0.780	0.812		0.816
	K_c	0.87	0.86	0.650	0.600	0.430	0.424	0.360	0.350	0.274	0.210	0.210	0.172	0.150	0.130	0.116	0.102	0.102
1.93	K_{cc}				0.270		0.400		0.465	0.520		0.570	0.660	0.675	0.708	0.735		0.792
	K_c	0.82	0.79	0.550	0.540	0.410	0.400	0.320	0.310	0.260	0.190	0.190	0.165	0.135	0.118	0.105	0.099	0.099

注　容量系数 $K_{cc}=\frac{C_t}{C_{10}}=K_c t$（$t$—放电时间，h）；容量换算系数 $K_c=\frac{I_t}{C_{10}}$（1/h）$=\frac{K_{cc}}{t}$（t—放电时间，h）。

2. 冲击放电曲线

(1) GF 型 2000Ah 及以下防酸式铅酸蓄电池持续放电 1.0h 后冲击放电曲线及持续放电 0.5h 后冲击放电曲线如图 1-9 所示。

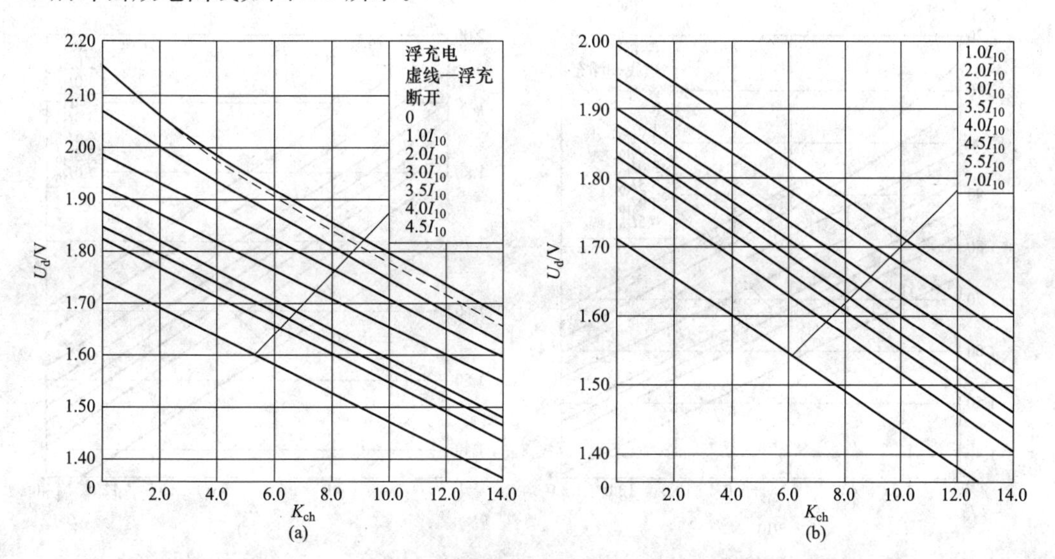

图 1-9 GF 型 2000Ah 及以下防酸式铅酸蓄电池持续放电后冲击放电曲线

(a) 放电 1.0h 后；(b) 放电 0.5h 后

(2) 阀控式贫液铅酸蓄电池持续放电后冲击放电曲线如图 1-10 所示。

(3) 阀控式胶体铅酸蓄电池持续放电后冲击放电曲线如图 1-11 所示。

3. 冲击电流与终止放电电压的关系

(1) GF 型 2000Ah 及以下防酸式铅酸蓄电池（单体 2V）冲击电流与终止放电电压的关系见表 1-14。

(2) 阀控式密封铅酸蓄电池（单体 2V）的冲击电流与终止放电电压的关系见表 1-15 和表 1-16。

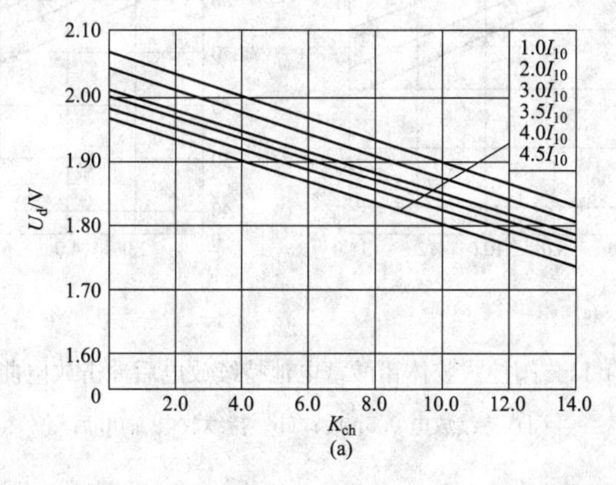

图 1-10 阀控式贫液铅酸蓄电池持续放电后冲击放电曲线（一）

(a) 放电 0.5h 后

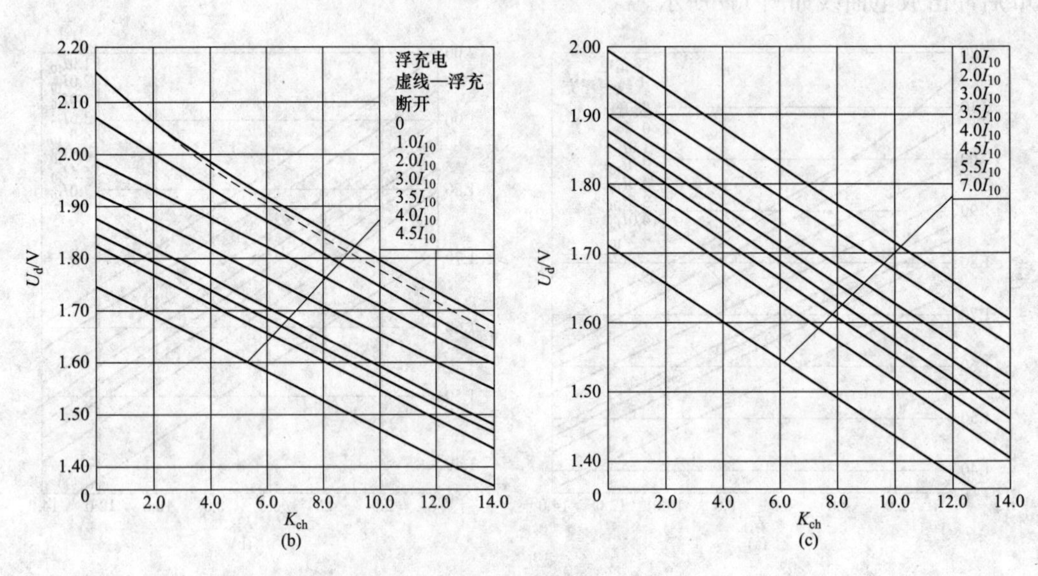

图 1-10　阀控式贫液铅酸蓄电池持续放电后冲击放电曲线（二）

（b）放电 1.0h 后；（c）放电 2.0h 后

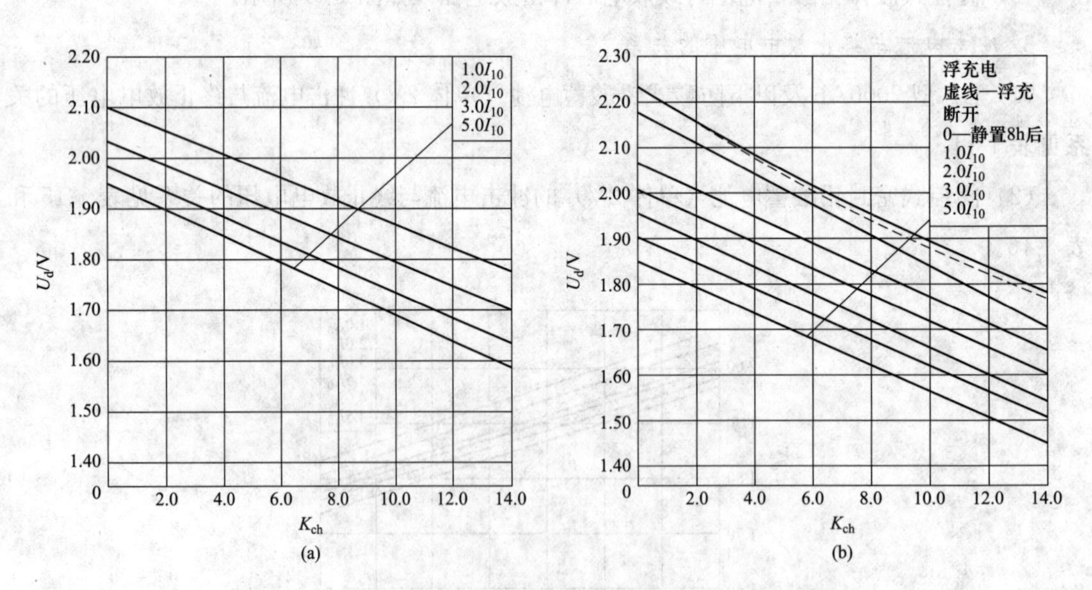

图 1-11　阀控式胶体铅酸蓄电池持续放电后冲击放电曲线

（a）持续放电 0.5h 后；（b）持续放电 1.0h 后

表 1-14 **GF 型 2000Ah 及以下防酸式铅酸蓄电池（单体 2V）冲击电流与终止放电电压的关系**

冲击电流倍数	0	1	2	3	4	5	6	7	8	9	10	11	12	13	14
持续放电电流	持续放电 1.0h 后，下列冲击系数 K 条件下的单体电池电压（V）														
浮充电	2.15	2.11	2.065	2.03	1.985	1.955	1.925	1.89	1.86	1.835	1.80	1.77	0.745	1.71	1.68
虚线	2.145	2.105	2.06	2.02	1.975	1.94	1.905	1.875	1.845	1.815	1.78	1.75	1.725	1.69	1.665
0	2.065	2.04	2.005	1.975	1.94	1.91	1.88	1.845	1.81	1.78	1.75	1.72	1.68	1.655	1.625
$1.0I_{10}$	1.985	1.96	1.094	1.905	1.88	1.85	1.82	1.79	1.77	1.74	1.71	1.675	1.655	1.625	1.60
$2.0I_{10}$	1.925	1.90	1.87	1.85	1.82	1.79	1.77	1.74	1.72	1.68	1.66	1.63	1.605	1.575	1.55
$3.0I_{10}$	1.875	1.85	1.82	1.79	1.765	1.74	1.71	1.68	1.65	1.625	1.595	1.57	1.535	1.51	1.485
$3.5I_{10}$	1.85	1.825	1.79	1.77	1.74	1.715	1.685	1.605	1.63	1.60	1.575	1.55	1.525	1.49	1.47
$4.0I_{10}$	1.825	1.80	1.77	1.74	1.72	1.685	1.665	1.625	1.605	1.58	1.55	1.525	1.495	1.465	1.44
$4.5I_{10}$	1.75	1.725	1.69	1.67	1.64	1.615	1.58	1.56	1.53	1.50	1.475	1.445	1.42	1.39	—
持续放电 0.5h 后，下列冲击系数 K 条件下的单体电池电压（V）															
$1.0I_{10}$	1.99	1.962	1.934	1.906	1.879	1.850	1.823	1.795	1.767	1.740	1.710	1.684	1.656	1.628	1.600
$2.0I_{10}$	1.94	1.913	1.887	1.86	1.833	1.807	1.780	1.753	1.727	1.70	1.673	1.647	1.62	1.593	1.567
$3.0I_{10}$	1.90	1.875	1.844	1.817	1.789	1.761	1.733	1.706	1.678	1.650	1.622	1.594	1.567	1.539	1.511
$3.5I_{10}$	1.875	1.85	1.819	1.791	1.763	1.734	1.706	1.678	1.65	1.622	1.594	1.566	1.538	1.51	1.481
$4.0I_{10}$	1.855	1.827	1.798	1.770	1.742	1.713	1.685	1.657	1.628	1.600	1.572	1.543	1.515	1.487	1.458
$4.5I_{10}$	1.832	1.804	1.776	1.747	1.719	1.691	1.663	1.635	1.606	1.578	1.550	1.522	1.494	1.465	1.437
$5.5I_{10}$	1.80	1.77	1.743	1.714	1.686	1.657	1.629	1.60	1.571	1.543	1.514	1.486	1.457	1.429	1.400
$7I_{10}$	1.71	1.683	1.655	1.628	1.60	1.573	1.545	1.518	1.49	1.463	1.435	1.408	1.38	1.353	—

表 1-15　阀控式密封铅酸蓄电池（贫液）（单体 2V）冲击电流与终止放电电压的关系

冲击电流倍数	0	1	2	3	4	5	6	7	8	9	10	11	12	13	14
持续放电电流	持续放电 0.5h 后，下列冲击系数 K_{ch} 条件下的单体电池电压/V														
$1.0I_{10}$	2.07	2.05	2.03	2.02	2.00	1.98	1.96	1.95	1.94	1.92	1.90	1.88	1.87	1.85	1.84
$2.0I_{10}$	2.04	2.02	2.01	1.99	1.98	1.97	1.94	1.93	1.91	1.89	1.88	1.86	1.84	1.86	1.81
$3.0I_{10}$	2.02	1.99	1.98	1.96	1.95	1.94	1.91	1.90	1.88	1.87	1.85	1.84	1.82	11.80	1.79
$3.5I_{10}$	2.00	1.98	1.97	1.95	1.94	1.92	1.90	1.89	1.87	1.86	1.84	1.83	1.81	1.79	1.78
$4.0I_{10}$	1.98	1.97	1.95	1.93	1.92	1.90	1.89	1.87	1.86	1.84	1.83	1.81	1.79	1.77	1.76
$4.5I_{10}$	1.60	1.95	1.93	1.92	1.90	1.88	1.86	1.85	1.84	1.82	1.80	1.78	1.77	1.75	1.74
持续放电 1h 后，下列冲击系数 K_{ch} 条件下的单体电池电压/V															
浮充电	2.25	2.20	2.17	2.15	2.13	2.10	2.07	2.05	2.03	2.00	1.97	1.95	1.93	1.91	1.89
虚线	2.20	2.18	2.15	2.12	2.10	2.07	2.05	2.03	2.00	1.98	1.95	1.93	1.91	1.88	1.86
0 线	2.16	2.13	2.10	2.07	2.05	2.02	2.00	1.97	1.95	1.93	1.91	1.89	1.88	1.86	1.84
$1.0I_{10}$	2.07	2.05	2.04	2.01	2.00	1.97	1.95	1.94	1.93	1.92	1.90	1.88	1.87	1.85	1.84
$2.0I_{10}$	2.03	2.01	1.99	1.98	1.96	1.95	1.93	1.92	1.90	1.88	1.87	1.85	1.84	1.82	1.80
$3.0I_{10}$	1.99	1.97	1.96	1.94	1.93	1.91	1.89	1.88	1.86	1.84	1.83	1.81	1.79	1.77	1.75
$3.5I_{10}$	1.95	1.93	1.91	1.90	1.88	1.86	1.85	1.83	1.81	1.79	1.76	1.74	1.73	1.72	1.70
$4.0I_{10}$	1.92	1.91	1.89	1.87	1.85	1.83	1.82	1.80	1.78	1.76	1.75	1.73	1.71	1.69	1.67
$4.5I_{10}$	1.90	1.88	1.86	1.85	1.83	1.81	1.78	1.77	1.75	1.73	1.71	1.70	1.68	1.66	1.64
持续放电 2h 后，下列冲击系数 K_{ch} 条件下的单体电池电压/V															
$1I_{10}$	2.05	2.03	2.01	2.00	1.98	1.97	1.95	1.94	1.92	1.90	1.89	1.87	1.85	1.84	1.83
$2I_{10}$	2.00	1.98	1.97	1.95	1.94	1.92	1.90	1.89	1.87	1.85	1.84	1.82	1.80	1.79	1.78
$3I_{10}$	1.94	1.93	1.91	1.90	1.88	1.86	1.85	1.83	1.82	1.80	1.78	1.77	1.75	1.73	1.72

表 1-16 阀控式密封铅酸蓄电池（胶体）（单体 2V）冲击电流与终止放电电压的关系

冲击电流倍数	0	1	2	3	4	5	6	7	8	9	10	11	12	13	14
持续放电电流	持续放电 0.5h 后，下列冲击系数 K_{ch} 条件下的单体电池电压/V														
$1I_{10}$	2.10	2.08	2.05	2.03	2.01	1.99	1.96	1.94	1.92	1.90	1.87	1.85	1.83	1.80	1.78
$2I_{10}$	2.08	2.01	1.98	1.96	1.94	1.91	1.89	1.87	1.85	1.91	1.82	1.80	1.78	1.73	1.70
$3I_{10}$	1.98	1.96	1.93	1.91	1.88	1.86	1.84	1.81	1.79	1.76	1.74	1.71	1.69	1.66	1.64
$4I_{10}$	1.95	1.93	1.90	1.87	1.85	1.82	1.80	1.77	1.75	1.72	1.69	1.67	1.64	1.62	1.60
持续放电 1h 后，不同冲击系数 K_{ch} 下的单体电池电压/V															
浮	2.23	2.19	2.16	2.12	2.09	2.06	2.02	1.99	1.96	1.93	1.90	1.88	1.85	1.82	1.79
浮断	2.23	2.19	2.15	2.11	2.08	2.05	2.01	1.98	1.94	1.91	1.88	1.85	1.83	1.80	1.78
静置 8h 后	2.18	2.15	2.11	2.08	2.05	2.01	1.97	1.95	1.91	1.88	1.85	1.81	1.78	1.75	1.71
$1I_{10}$	2.07	2.04	2.01	1.98	1.95	1.93	1.90	1.87	1.84	1.81	1.78	1.75	1.72	1.69	1.66
$2I_{10}$	2.00	1.98	1.95	1.92	1.90	1.86	1.83	1.81	1.78	1.75	1.72	1.69	1.66	1.64	1.61
$3I_{10}$	1.96	1.93	1.90	1.87	1.84	1.81	1.78	1.75	1.72	1.69	1.66	1.64	1.60	1.58	1.55
$4I_{10}$	1.90	1.88	1.85	1.82	1.80	1.76	1.73	1.71	1.68	1.65	1.63	1.60	1.57	1.54	1.52
$5I_{10}$	1.85	1.82	1.80	1.77	1.74	1.71	1.68	1.65	1.62	1.60	1.57	1.54	1.51	1.49	1.46

第五节 蓄电池容量计算方法

在蓄电池的容量计算中，无论采用何种计算方法，都应考虑适量的容量储备，即选取合理的可靠系数 K_{rel}。可靠系数 K_{rel} 应考虑温度系数 K_T、老化系数 K_a 和裕度系数 K_e 三个因素。

我国幅员辽阔，地域气温相差很大。蓄电池的额定容量是在给定终止放电电压和环境温度下的放电容量。随着环境温度的变化，电解液温度改变，蓄电池的放电容量也将偏离额定值。通常情况下，制造厂家给定的额定容量对应的基准温度为 20℃或 25℃。考虑到全浮充电运行的蓄电池，电解液温度不会低于室内温度，蓄电池室内允许温度一般取 5～35℃。当环境温度高于基准温度时，蓄电池放出容量将大于额定容量；相反，当环境温度低于基准温度时，蓄电池放出容量将小于额定容量。一般情况下，铅酸蓄电池每上升或下降 1℃，其容量将增加或减少 0.5%～1.0%的额定容量。为保证足够的容量，考虑可能的较不利的环境温度，即进行温度修正取温度系数 $K_T=1.10$。

任何蓄电池，在使用过程中，初期容量略有上升，之后要不断下降，直至下降到其额定容量的 80%时，认为蓄电池寿命终止。为延长蓄电池的运行期限，通常用老化系数 K_a 来计及蓄电池的老化，一般取老化系数 $K_a=1.10$。

蓄电池充电—放电过程受多种因素影响，计算时所依据的特性曲线和数据，也都存在一定误差，同时也可能有一些不可预计的负荷。在容量计算中，以裕度系数 K_e 来计及这些因素，并取裕度系数 $K_e=1.15$。

综上，蓄电池容量计算的可靠系数为

$$K_{rel}=K_T K_a K_e=1.10\times1.10\times1.15=1.39\approx1.40 \tag{1-20}$$

故一般取 K_{rel} 为 1.40。

目前国内常用的蓄电池容量计算方法有容量换算法（以往也称为电压控制法）和电流换算法（以往也称为阶梯负荷法）两种。容量换算法按事故状态下直流负荷消耗的安时值计算容量，并按事故放电末期或其他不利条件校验直流母线电压水平；电流换算法按事故状态下直流负荷电流和放电时间来计算容量。

一、容量换算法

1. 按事故状态下持续放电负荷计算蓄电池容量

蓄电池容量取决于事故放电容量、事故放电持续时间和限定的放电终止电压，而事故放电持续时间和限定的放电终止电压决定了蓄电池的容量系数。所以按事故状态下持续放电负荷计算蓄电池容量为

$$C_{c}=\frac{K_{rel}C_{s}}{K_{cc}} \tag{1-21}$$

式中　C_{s}——事故放电容量，A·h；

K_{cc}——蓄电池容量系数；

K_{rel}——可靠系数，$K_{rel}=1.40$。

在式（1-21）中，当事故负荷在放电期间恒定不变时，事故放电容量 C_{s} 由事故放电电流 I_{s}(A) 和事故放电时间 t_{s}(h) 的乘积决定，即

$$C_{s}=I_{s}t_{s} \tag{1-22}$$

当事故负荷在放电期间变化时，一般多为阶梯形负荷曲线，当不是阶梯形时，也可近似地用阶梯形代替。对于阶梯形负荷，可采用分段计算法计算，如图 1-12 所示。

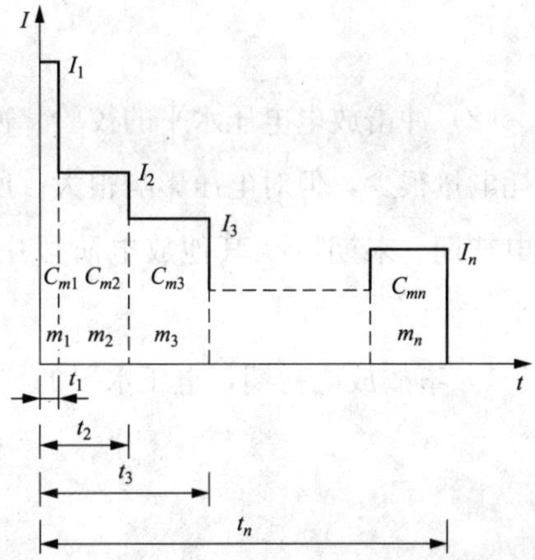

图 1-12　阶梯负荷分段计算说明

图 1-12 中，有 n 个时段 m_{1}、m_{2}、…、m_{i}、…、m_{n}，划分为 n 个计算分段 t_{1}、t_{2}、…、t_{a}、…、t_{n}，任意一个时段 m_{i} 的放电容量为

$$C_{mi}=I_{i}t_{mi} \tag{1-23}$$

从放电开始，到包含时段 m_{i} 的任意分段 t_{a} 结束，总的负荷容量为

$$C_{sa}=\sum_{i=1}^{a}C_{mi}\mid_{a=1,2,\cdots,n} \tag{1-24}$$

再计算分段 t_{a} 内，所需要的蓄电池容量计算值为

$$C_{ca}=\frac{K_{rel}C_{sa}}{K_{ca}}\mid_{a=1,2,\cdots,n} \tag{1-25}$$

式中　K_{ca}——容量系数，按计算分段的时间 t_{a} 决定。

分别计算 n 个分段的蓄电池计算容量，然后按其中最大者选择蓄电池，则蓄电池容量为

$$C_{c}\geqslant\max_{a=1}^{n}C_{ca} \tag{1-26}$$

2. 放电电压水平的校验

（1）持续放电电压水平的校验。事故放电末期，电压将降到最低，校验是否符合要求的方法如下。

事故放电期间蓄电池的放电系数为

$$K_{f}=\frac{K_{rel}C_{s}}{tI_{10}} \tag{1-27}$$

式中　C_s——事故放电容量，A·h，可按式（1-22）或式（1-24）确定；

I_{10}——蓄电池10h放电率电流，A；

t——事故放电时间，h。

根据K_f值，由蓄电池放电时间和电压关系曲线或从蓄电池持续放电1h和0.5h冲击放电曲线中，对应$K_{ch}=0$值（参见图1-5或图1-6）查出事故放电末期单体电池的电压（U_{df}），然后求得蓄电池组的端电压为

$$U_D = nU_{df} \tag{1-28}$$

（2）冲击放电电压水平的校验。冲击放电过程中，放电时间极短，放电电流较大。尽管消耗电量很少，但对电压影响很大。所以，在按持续放电算出蓄电池容量后，还应校验事故放电初期、末期以及其他放电阶段中，在可能的大冲击放电电流作用下蓄电池组的电压水平。

1）事故放电初期，电压水平的校验。事故放电初期的冲击系数为

$$K_{ch0} = K_{rel}\frac{I_{ch0}}{I_{10}} \tag{1-29}$$

式中　K_{rel}——可靠系数，取1.1；

I_{ch0}——事故放电初期冲击放电电流，A；

I_{10}——蓄电池10h放电率电流，A。

根据K_{ch0}值，由蓄电池冲击放电曲线族中的0曲线查得单体电池的电压值U_{ch0}，即求得蓄电池组的端电压为

$$U_D = nU_{ch0} \tag{1-30}$$

式中　n——蓄电池组的电池个数。

2）事故放电过程中，包括事故放电末期随机（5s）出现大冲击电流时电压水平的校验，计算事故放电过程中出现大冲击电流时放电系数和冲击系数为

$$K_f = K_{rel}\frac{C_s}{tI_{10}} \tag{1-31}$$

$$K_{chf} = K_{rel}\frac{I_{chf}}{I_{10}} \tag{1-32}$$

根据冲击系数K_{chf}，查蓄电池冲击放电曲线族（参见图1-6）中对应于K_f的曲线，求得单体电池电压U_{chf}，并由此求得蓄电池组的端电压为

$$U_D = nU_{chf} \tag{1-33}$$

由式（1-28）、式（1-30）和式（1-33）求得的端电压值应不小于要求值。

一般情况下，事故放电初期（1min）和末期或末期随机大电流放电阶段（5s）的电压水平，往往是整个事故放电过程的电压控制点。并且分别由事故放电初期冲击系数 K_{ch0} 和最严重放电阶段末期的冲击系数 K_{chf} 决定。对给定的蓄电池，在限定的放电终止电压下，蓄电池允许的冲击电流是一定的，因而允许的 K_{ch0} 或 K_{chf} 也是确定的。

3. 按电压水平计算蓄电池容量

按电压水平计算蓄电池容量，实际上是校验电压水平的反运算。

（1）按持续放电末期电压水平计算电。事故放电末期，蓄电池的终止电压应为

$$U_d \geqslant \frac{K_U U_n}{n} \tag{1-34}$$

式中 K_U——电压下降系数，简称电压系数，对控制用电池，$K_U=0.85$，对动力用电池，$K_U=0.875$；

U_n——直流系统标称电压；

n——蓄电池个数。

设事故计算时间为 t_s，按 U_d 和 t_s 值用容量系数曲线（参见图 1-7）确定 K_{cc} 值。蓄电池的计算容量 C_c 仍按式（1-21）或式（1-23）～式（1-25）计算。

在按持续放电确定蓄电池容量时，如果确定 K_{cc} 的放电终止电压已满足电压水平要求，则在事故放电末期，蓄电池的电压水平一定能满足要求，就不需要再进行上述电压水平的计算。

（2）按冲击放电电压水平计算蓄电池容量。在冲击放电电流 I 小作用下，蓄电池的端电压应为

$$U_{ch} \geqslant \frac{K_{Uch} U_n}{K_{ch}} \tag{1-35}$$

式中 K_{Uch}——冲击电流作用下电压下降的系数，其值根据冲击负荷的大小确定，一般可取 $K_{Uch}=K_U$。

冲击放电电流 I_{ch} 所要求的蓄电池容量计算值为

$$C_c = \frac{K_{rel} I_{ch}}{K_{ch}} \tag{1-36}$$

式中 K_{ch}——冲击系数。

如果冲击放电电流出现在放电初期，则 $I_{ch}=I_{ch0}$，此时根据 U_{ch}、t_s 和 $K_f=0$ 用图 1-6 中的 0 曲线确定 $K_{ch}=K_{ch0}$，进而即可由式（1-36）算出满足电压水平要求的蓄电池容量。

二、电流换算法

1. 电流换算法的要点

电流换算法亦称阶梯负荷法，又称 Hoxie 算法，系由美国 IEEE 会员 E. A. Hoxie 于 20

世纪 50 年代提出，并列入 IEEE std-485 标准中，是目前国际上通用的计算方法之一。在国内也得到了比较广泛的应用。

我国电力设计部门在蓄电池生产厂家的配合下，从 1983 年开始，对国内生产的蓄电池基于电流换算法的要点进行了试验，录制了相应的特性曲线。

电流换算法的要点如下：

(1) 蓄电池在放电电流阶段性减小时，特别是大电流放电后负荷减小的情况下，具有恢复容量的特性。电流换算法考虑了这一特性。

(2) 利用容量换算系数直接由负荷电流确定蓄电池的容量。由于这种方法是在给定放电终止电压条件下进行计算的，所以只要选择的蓄电池容量大于或接近计算值，就不必再对蓄电池容量进行电压校验。

(3) 随机负荷（一般为冲击负荷）叠加在第一阶段（大电流放电）以外的最大负荷段上进行计算。各阶段的计算容量相比较后取大者，即为蓄电池的计算容量。

2. 计算方法

图 1-11 所示的阶梯负荷图分为 n 个时段 M_1、M_2、…、M_n，这几个时段组成 n 个计算阶段，每个阶段内包括相应数目的计算分段。

各阶段内分段的时间，可用 t_{ai} 表示，并且有

$$t_{ai}=\sum_{i=1}^{a}M_i\big|_{a=1,2,\cdots,n} \tag{1-37}$$

对阶段 a 内所需要的蓄电池容量为

$$C_{ca}=K_{rel}\sum_{i=1}^{a}\frac{I_i-I_{(i-1)}}{K_{c(ai)}\big|_{a=1,2,\cdots,n}} \tag{1-38}$$

式中　I_i、$I_{(i-1)}$——分别为时段 M_i、$M_{(i-1)}$ 内的放电电流；

K_{rel}——可靠系数，取 $K_{rel}=1.1$。

对 n 个阶段的计算容量取大值，即得到蓄电池的计算容量为

$$C_c\geqslant\max_{a=1}^{n}C_{ca} \tag{1-39}$$

式 (1-38) 中，容量换算系数 $K_{c(ai)}$，根据相应的放电时间 t_{ai} 和给定的放电终止电压 U_d 用容量换算系数曲线确定，即

$$U_z,t_{id}\Rightarrow K_{c(ai)}\left|\begin{array}{l}i=1,2,\cdots,a,\text{分段号}\\a=1,2,\cdots,a,\text{阶段号}\end{array}\right. \tag{1-40}$$

为说明 C_{ca} 的计算方法，下面举个例子，列出了 $n=1$、2、3、4、5 这 5 种情况下式 (1-38) 的展开式。其中 n 为阶梯数量，a 为阶梯序号，a 最大值等于 n，如第三个阶梯，则表示为 $a=3$。

各放电阶段计算时间及容量换算系数设定示意如图 1-13 所示。

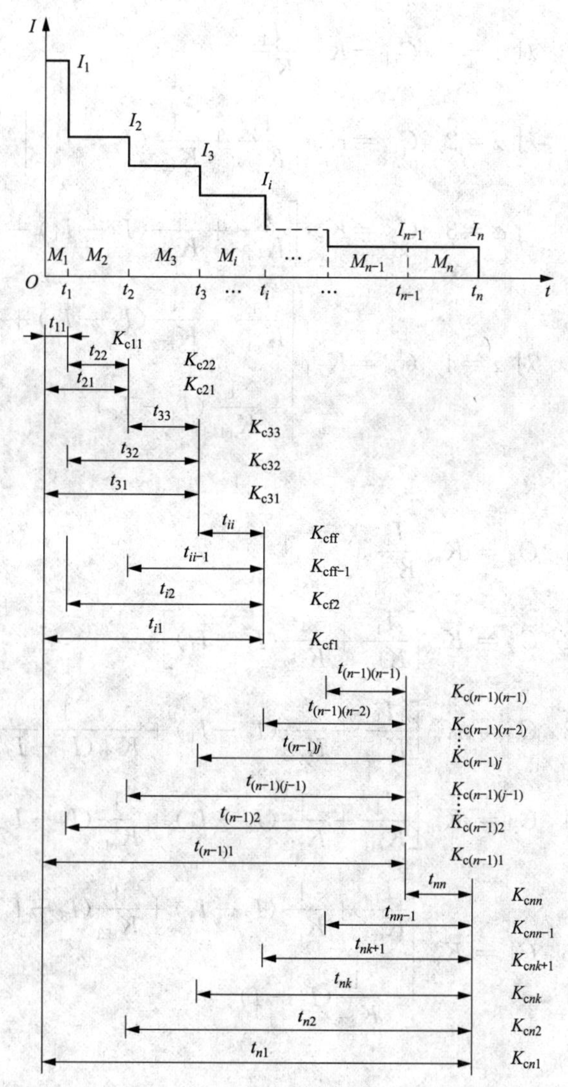

图 1-13 各放电阶段计算时间及容量换算系数设定示意

$$\text{当}\, n=1\, \text{时，对}\, a=1 \quad C_{c1}=K_{rel}\frac{I_1}{K_{c11}} \tag{1-41}$$

$$\left.\begin{aligned} &\text{当}\, n=2\, \text{时，对}\, a=1 \quad C_{c1}=K_{rel}\frac{I_1}{K_{c11}} \\ &\qquad\qquad\quad \text{对}\, a=2 \quad C_{c2}=K_{rel}\left[\frac{I_1}{K_{c21}}+\frac{1}{K_{c22}}(I_2-I_1)\right] \end{aligned}\right\} \tag{1-42}$$

$$\left.\begin{aligned} &\text{当}\, n=3\, \text{时，对}\, a=1 \quad C_{c1}=K_{rel}\frac{I_1}{K_{c11}} \\ &\qquad\qquad\quad \text{对}\, a=2 \quad C_{c2}=K_{rel}\left[\frac{I_1}{K_{c21}}+\frac{1}{K_{c22}}(I_2-I_1)\right] \\ &\qquad\qquad\quad \text{对}\, a=3 \quad C_{c3}=K_{rel}\left[\frac{I_1}{K_{c31}}+\frac{1}{K_{c32}}(I_2-I_1)+\frac{1}{K_{c33}(I_3-I_2)}\right] \end{aligned}\right\} \tag{1-43}$$

$$
\left.\begin{aligned}
&\text{当 } n=4 \text{ 时，对 } a=1 \quad C_{c1}=K_{rel}\frac{I_1}{K_{c11}}\\
&\text{对 } a=2 \quad C_{c2}=K_{rel}\left[\frac{I_1}{K_{c21}}+\frac{1}{K_{c22}}(I_2-I_1)\right]\\
&\text{对 } a=3 \quad C_{c3}=K_{rel}\left[\frac{I_1}{K_{c31}}+\frac{1}{K_{c32}}(I_2-I_1)+\frac{1}{K_{c33}(I_3-I_2)}\right]\\
&\text{对 } a=4 \quad C_{c4}=K_{rel}\left[\begin{aligned}&\frac{I_1}{K_{c41}}+\frac{1}{K_{c42}}(I_2-I_1)+\frac{1}{K_{c43}}(I_3-I_2)\\&+\frac{1}{K_{c44}}(I_4-I_3)\end{aligned}\right]
\end{aligned}\right\}
\tag{1-44}
$$

$$
\left.\begin{aligned}
&\text{当 } n=5 \text{ 时，对 } a=1 \quad C_{c1}=K_{rel}\frac{I_1}{K_{c11}}\\
&\text{对 } a=2 \quad C_{c2}=K_{rel}\left[\frac{I_1}{K_{c21}}+\frac{1}{K_{c22}}(I_2-I_1)\right]\\
&\text{对 } a=3 \quad C_{c3}=K_{rel}\left[\frac{I_1}{K_{c31}}+\frac{1}{K_{c32}}(I_2-I_1)+\frac{1}{K_{c33}(I_3-I_2)}\right]\\
&\text{对 } a=4 \quad C_{c4}=K_{rel}\left[\frac{I_1}{K_{c41}}+\frac{1}{K_{c42}}(I_2-I_1)+\frac{1}{K_{c43}}(I_3-I_2)+\frac{1}{K_{c44}}(I_4-I_3)\right]\\
&\text{对 } a=5 \quad C_{c5}=K_{rel}\left[\begin{aligned}&\frac{I_1}{K_{c51}}+\frac{1}{K_{c52}}(I_2-I_1)+\frac{1}{K_{c53}}(I_3-I_2)+\frac{1}{K_{c54}}(I_4-I_3)\\&+\frac{1}{K_{c55}}(I_5-I)\end{aligned}\right]
\end{aligned}\right\}
\tag{1-45}
$$

在式（1-41）～式（1-45）中，取大值，并计及冲击（随机）负荷所需的蓄电池的容量，即

$$C_{c1}=K_{rel}\frac{I_R}{K_{cR}} \tag{1-46}$$

即得出直流系统在整个事故放电过程中（包括随机负荷的作用）所需的蓄电池容量。

一般来说，C_{ca} 值须对 n 个阶段进行计算，但实际情况下，有时只需计算 $a=1$、$a=n$ 和到某一放电电流大且放电时间较长的时段的阶段 a 的蓄电池计算容量，然后取三者中的最大值即可。比如，式（1-45）表示的 $n=5$ 的情况下，若第三时段的电流 I_3 和时间 t_3 较长，则只计算 C_{c1}、C_{c3} 和 C_{c5}，然后取其中的最大值即可。

3. 表格计算法

表格计算法是电流换算法的另一种表达形式，根据式（1-37）制成阶梯负荷计算表，见

表 1-17。

表 1-17　　　　阶梯负荷计算表

单体蓄电池终止电压：1.8V；选用蓄电池型号：GFM；最低环境温度：10～25℃						
①分段序号	②负荷/A	③负荷变化/A	④放电时间（时段）/min	⑤放电分段时间 t_{cd}/min	⑥容量换算系数 K_{rel}	⑦各分段和阶段所需容量/A·h
第 1 阶段，如果 $I_2>I_1$，见第 2 阶段						
1	$I_1=$	$I_1-0=$	$M_1=1$	$t_{11}=M_1=1$	K_{c11}	
第 1 阶段					总计	
第 2 阶段，如果 $I_3>I_2$，见第 3 阶段						
1	$I_1=$	$I_1-0=$	M_1	$T_{21}=M_1+M_2=$	K_{c21}	
2	$I_2=$	$I_2-I_1=$	M_2	$T_{22}=M_2=$	K_{c22}	
第 2 阶段					分项合计	
					总计	
第 3 阶段，如果 $I_4>I_3$，见第 4 阶段						
1	$I_1=$	$I_1-0=$	$M_1=$	$T_{31}=M_1+M_2+M_3=$	K_{c31}	
2	$I_2=$	$I_2-I_1=$	$M_2=$	$T_{32}=M_2+M_3=$	K_{c32}	
3	$I_3=$	$I_3-I_2=$	$M_3=$	$T_{33}=M_3=$	K_{c33}	
第 3 阶段					分项合计	
					总计	
第 4 阶段，如果 $I_5>I_4$，见第 5 阶段						
1	$I_1=$	$I_1-0=$	$M_1=$	$T_{41}=M_1+M_2+M_3+M_4=$	K_{c41}	
2	$I_2=$	$I_2-I_1=$	$M_2=$	$T_{42}=M_2+M_3+M_4=$	K_{c42}	
3	$I_3=$	$I_3-I_2=$	$M_3=$	$T_{43}=M_3+M_4=$	K_{c43}	
4	$I_4=$	$I_4-I_3=$	$M_4=$	$T_{44}=M_4=$	K_{c44}	
第 4 阶段					分项合计	
					总计	
第 5 阶段，如果 $I_6>I_5$，见第 6 阶段						
1	$I_1=$	$I_1-0=$	$M_1=$	$T_{51}=M_1+M_2+M_3+M_4+M_5=$	K_{c51}	
2	$I_2=$	$I_2-I_1=$	$M_2=$	$T_{52}=M_2+M_3+M_4+M_5=$	K_{c52}	
3	$I_3=$	$I_3-I_2=$	$M_3=$	$T_{53}=M_3+M_4+M_5=$	K_{c53}	
4	$I_4=$	$I_4-I_3=$	$M_4=$	$T_{54}=M_4+M_5=$	K_{c54}	
5	$I_5=$	$I_5-I_4=$	$M_5=$	$T_{55}=M_5=$	K_{c55}	
第 5 阶段					分项合计	
					总计	
随机负荷（根据需要）						
R	I_R	$I_R-0=$	$M_R=5s$	$t_R=M_R=5s$	K_{ch}	

计算过程如下。

（1）绘出直流负荷示意图。

（2）列出放电时段（M_i）、放电电流（I_i）和持续时间（t_i）。

（3）将负荷电流（I_i）填入表1-13的②栏中。

（4）计算负荷电流变化（$I_i - I_{(i-1)}$），并填入表1-17的③栏中。

（5）计算各放电时段（M_i）和放电阶段的终止时间（t_{ai}）。表1-17中的④栏，表示的是各阶段包括的时段。第一阶段的时段为M_1，第二阶段的时段为M_1和M_2；第三阶段的时段为M_1、M_2和M_3；依次类推。表中⑤栏中的放电阶段（t_{ai}）是④栏中相应时段M_i之和，按式（1-37）计算。

（6）根据t_{ai}和终止电压值查出相应的容量换算系数。

（7）计算每一放电分段和阶段所需的蓄电池容量，每一阶段所需容量为本阶段内各分段容量的代数和。

（8）计算随机负荷所需容量，并与第一阶段（1min）以外的其他各段中最大计算容量相加，然后再与第一阶段所需容量相比较，取其大者乘可靠系数（$K_{rel}=1.4$）之后，即求得蓄电池计算容量。最后选用不小于计算容量的蓄电池。

三、蓄电池容量选择的原始数据

（1）负荷数据应按实际工程的负荷情况统计、计算，必要时绘制负荷曲线。

（2）根据蓄电池的型式选择适宜的计算曲线，确定蓄电池放电终止电压。单体蓄电池放电终止电压应根据直流系统中直流负荷允许的最低电压值和蓄电池的个数来确定，但不得低于产品规定的最低允许电压值。按照直流负荷的要求，其最低允许电压各不相同，应取其中最高的一个数值。对于设有端电池的碱性蓄电池直流系统，可以选取产品规定的最低允许电压值，以便充分利用蓄电池的容量，但同时也应考虑蓄电池的数量不应过多。两种计算方法可以任选一种，其计算结果不会悬殊。两种算法处理随机（5s）冲击负荷的方式不同，电流换算法（阶梯负荷法）是采用容量叠加方式，而容量换算法（电压控制法）则是采用电压校验方式。当采用后者时，如果计算容量已满足最低允许电压值的要求，则不需要再叠加随机负荷所需要的容量。

（3）选择适宜的计算方法，并根据计算容量和蓄电池的容量标称系列，选择蓄电池标称容量。

（4）两种算法可采用同一条容量换算系数曲线，容量系数计算为

$$K_{cc}=K_c t \tag{1-47}$$

式中 K_{cc}——容量系数；

K_c——容量换算系数；

t——放电时间。

采用容量换算法进行实际电压水平计算时，可靠系数 K_{rel} 取 1.10，而不是取容量计算中的 1.40，主要考虑以下原因：①所采用的蓄电池厂家的特性曲线及相关的数据资料均为实测值，且均大于 10h 的标称容量 C，但在计算中仍取标称容量 C_1，即考虑了一定的储备系数；②0 曲线是表征电池充足电、断开充电电源，再静置 8～15h 以后开始试验而录制的冲击放电曲线，而实际情况多是在浮充电电源刚断开后即承受冲击，其曲线（即虚线）在 0 曲线之上，因此也隐含了一定的储备系数。计及以上两个因素，取可靠系数 1.10 可满足实际要求。

第二章

直流电源用铅酸蓄电池技术监督要点

第一节　技术监督工作概述

技术监督是指在电力设备全过程管理的规划可研、工程设计、设备采购、设备制造、设备验收、设备安装、设备调试、竣工验收、运维检修（简称运检）、退役报废等阶段，采用有效的检测、试验、抽查和资料核查等手段，监督有关技术标准和预防设备事故措施在各阶段的执行落实情况，分析评价电力设备健康状况、运行风险和安全水平，并反馈到发展部、基建部、营销部、设备部、科技部、信通部、物资部、调度等部门，以确保电力设备安全可靠经济运行。

一、技术监督不同阶段具体要求

1. 规划可研阶段

规划可研阶段是指工程设计前进行的可研及可研报告审查工作阶段。本阶段技术监督工作由各级发展部门组织技术监督实施单位，通过参加可研审查会等方式监督并评价规划可研阶段工作是否满足国家、行业和公司有关可研规划标准、设备选型标准、预防事故措施、差异化设计、环保等要求。各级发展部门应组织各级经研院（所）将规划可研阶段的技术监督工作计划和信息及时录入管理系统。

2. 工程设计阶段

工程设计阶段是指工程核准或可研批复后进行工程设计的工作阶段。本阶段技术监督工作由各级基建部门组织技术监督实施单位通过参加初设评审会等方式监督并评价工程设计工作是否满足国家、行业和公司有关工程设计标准、设备选型标准、预防事故措施、差异化设计、环保等要求，对不符合要求的出具技术监督告（预）警单。各级基建部门应组织各级经研院（所）将工程设计阶段的技术监督工作计划和信息及时录入管理系统。

3. 设备采购阶段

设备采购阶段是指根据设备招标合同及技术规范书进行设备采购的工作阶段。本阶段技术监督工作由各级物资部门组织技术监督实施单位通过参与设备招标技术文件审查、技术协议审查及设计联络会等方式监督并评价设备招、评标环节所选设备是否符合安全可靠、技术先进、运行稳定、高性价比的原则，对明令停止供货（或停止使用）、不满足预防事故措施、未经鉴定、未经入网检测或入网检测不合格的产品以技术监督告（预）警单形式提出书面禁用意见。各级物资部门应组织各级电科院（地市检修分公司）将设备采购阶段的技术监督工作计划和信息及时录入管理系统。由于设备采购阶段存在的问题如不能及时发现，可能导致后续安装、竣工等阶段出现问题，整改周期较长，因此尽量在设备采购阶段对设备质量进行把关，避免因设备采购不到位引起的系列问题。

4. 设备制造阶段

设备制造阶段是指在设备完成招标采购后，在相应厂家进行设备制造的工作阶段。本阶段工作技术监督工作由各级物资部门组织技术监督实施单位监督并评价设备制造过程中订货合同、有关技术标准及反措的执行情况，必要时可派监督人员到制造厂采取过程见证、部件抽测、试验复测等方式开展专项技术监督，对不符合要求的出具技术监督告（预）警单。各级物资部门应组织各级电科院（地市检修分公司）将设备制造阶段的技术监督工作计划和信息及时录入管理系统。

5. 设备验收阶段

设备验收阶段是指设备在制造厂完成生产后，在现场安装前进行验收的工作阶段，包括出厂验收和现场验收。本阶段技术监督工作由各级物资部门组织技术监督实施单位在出厂验收阶段通过试验见证、报告审查、项目抽检等方式监督并评价设备制造工艺、装置性能、检测报告等是否满足订货合同、设计图纸、相关标准和招投标文件要求；在现场验收阶段，监督并评价设备供货单与供货合同及实物一致性以及设备运输、储存过程是否符合要求，对不符合要求的出具技术监督告（预）警单。各级物资部门应组织各级电科院（地市检修分公司）将设备验收阶段的技术监督工作计划和信息及时录入管理系统。

6. 设备安装阶段

设备安装阶段是指设备在完成验收工作后，在现场进行安装的工作阶段。本阶段技术监督工作由各级基建部门组织技术监督实施单位通过查阅资料、现场抽查、抽检等方式监督并评价安装单位及人员资质、工艺控制资料、安装过程是否符合相关规定，对重要工艺环节开展安装质量抽检，对不符合要求的出具监督告（预）警单。各级基建部门应组织各级电科院（地市检修分公司）将设备安装阶段的技术监督工作计划和信息及时录入管理系统。

7. 设备调试阶段

设备调试阶段是指设备完成安装后，进行调试的工作阶段。本阶段技术监督工作由各级

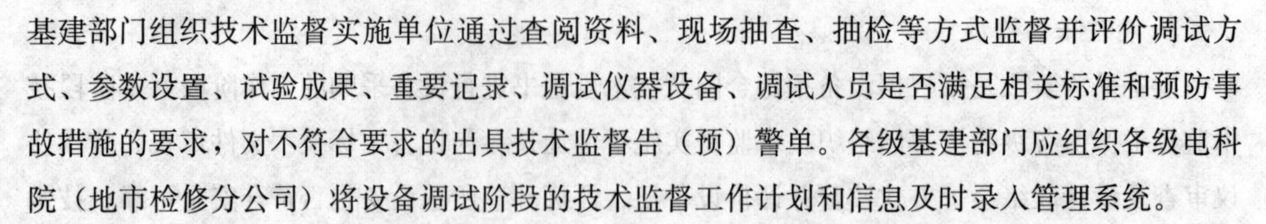

基建部门组织技术监督实施单位通过查阅资料、现场抽查、抽检等方式监督并评价调试方式、参数设置、试验成果、重要记录、调试仪器设备、调试人员是否满足相关标准和预防事故措施的要求，对不符合要求的出具技术监督告（预）警单。各级基建部门应组织各级电科院（地市检修分公司）将设备调试阶段的技术监督工作计划和信息及时录入管理系统。

8. 竣工验收阶段

竣工验收阶段是指输变电工程项目竣工后，检验工程项目是否符合设计规划及设备安装质量要求的阶段。本阶段技术监督工作由各级基建部门组织技术监督实施单位对前期各阶段技术监督发现问题的整改落实情况进行监督检查和评价，运检部门参与竣工验收阶段中设备交接验收的技术监督工作，对不符合要求的出具技术监督告（预）警单。各级基建部门应组织各级电科院（地市检修分公司）将竣工验收阶段的技术监督工作计划和信息及时录入管理系统。

9. 运维检修阶段

运维检修阶段是指设备运行期间，对设备进行运维检修的工作阶段。本阶段技术监督工作由各级运维检修部门组织技术监督实施单位通过现场检查、试验抽检、系统远程抽查、单位互查等方式监督并评价设备状态信息收集、状态评价、检修策略制定、检修计划编制、检修实施和绩效评价等工作中相关技术标准和预防事故措施的执行情况，对不符合要求的出具技术监督告（预）警单。各级运检部门应组织各级电科院（地市检修分公司）将运维检修阶段的技术监督工作计划和信息及时录入管理系统。

10. 退役报废阶段

退役报废阶段是指设备完成使用寿命后，退出运行的工作阶段。本阶段技术监督工作由运维检修部门组织技术监督实施单位通过报告检查、台账检查等方式监督并评价设备退役报废处理过程中相关技术标准和预防事故措施的执行情况，对不符合要求的出具技术监督告（预）警单。各级运检部门应组织各级电科院（地市检修分公司）将退役报废阶段的技术监督工作计划和信息及时录入管理系统。

二、技术监督依据的标准体系

直流电源用蓄电池标准体系包含技术条件、设计选型、安装施工、交接试验、运行维护、状态评价、竣工验收等方面的要求。

1. 《电力用直流电源设备》

《电力用直流电源设备》（DL/T 459—2017）规定了电力用直流电源设备技术要求、检验规则和试验方法、标志、包装、运输和储存等方面的要求。适用于发电厂、变（配）电所和其他电力用直流电源设备的设计、制造、选择、订货和试验。

2. 《电力工程直流电源设备通用技术条件及安全要求》

《电力工程直流电源设备通用技术条件及安全要求》（GB/T 19826—2014）规定了电力

工程用直流电源设备、一体化电源设备的通用技术条件和安全要求，以及试验方法、检验规则、标志、包装、运输和储存等方面的要求。适用于电力工程中的直流、一体化电源设备，并作为产品设计、制造、检验和使用的依据。

3.《电力用直流和交流一体化不间断电源》

《电力用直流和交流一体化不间断电源》(DL/T 1074—2019) 规定了电力用直流和交流一体化不间断电源设备的型号和额定值、技术要求、检验规则和试验方法、标志、包装、运输和储存等的要求。本标准适用于发电厂、变（配）电所和其他电力工程直流和交流一体化不间断电源设备的设计、制造、选择、订货和试验。也适用于电力用交流不间断电源、电力用逆变电源、小型变电站的通信用直流变换电源的设计、制造、选择、订货和试验。

4.《固定型阀控式铅酸蓄电池》

该标准包括《固定型阀控式铅酸蓄电池　第 1 部分：技术条件》(GB/T 19638.1—2014) 和《固定型阀控式铅酸蓄电池　第 2 部分：产品品种和规格》(GB/T 19638.2—2014) 两部分。GB/T 19638.1—2014 规定了固定型阀控式铅酸蓄电池的技术要求、试验方法、检验规则、标志、包装、运输和储存；GB/T 19638.2—2014 规定了固定型阀控式铅酸蓄电池的型号编制、外形结构及尺寸、端子位置、连接方式。适用于在静止的地方并与固定设备结合在一起的浮充使用或固定在蓄电池室内的用于通信、设备开关、发电、应急电源及不间断电源或类似用途的所有的固定型阀控式铅酸蓄电池和蓄电池组。蓄电池中的硫酸电解液是不流动的，或吸附在电极间的微孔结构中或呈胶体形式。

5.《电力用固定型阀控式铅酸蓄电池》

《电力用固定型阀控式铅酸蓄电池》(DL/T 637—2019) 规定了电力用固定型阀控式铅酸蓄电池的分类、规格和应用环境温度、技术要求、试验方法、检验规则、查询、订货和投标时应提供的资料、包装、标志、运输和储存。适用于变电站、换流站、发电厂及其他电力设施中与直流电源设备或交直流一体化电源设备结合在一起或固定在蓄电池室内，以浮充运行为主，用于控制、保护、动力、操作、事故照明及不间断电源或类似用途的阀控式铅酸蓄电池和蓄电池组。

6.《电气装置安装工程 蓄电池施工及验收规范》

《电气装置安装工程 蓄电池施工及验收规范》(GB 50172—2012) 规定了电压为 12V 及以上，容量为 25Ah 及以上的阀控式密封铅酸蓄电池组安装工程的施工与质量验收。

7.《电力系统用蓄电池直流电源装置运行与维护技术规程》

《电力系统用蓄电池直流电源装置运行与维护技术规程》(DL/T 724—2021) 规定了电力系统用蓄电池直流电源装置（包括蓄电池、充电装置、监控装置等）运行与维护的技术要求。适用于发电厂、变电站、换流站及其他电力工程并可作为专业人员进行运行与维护的依据。

8. 其他标准

其他一些标准规定了电力直流电源系统用的测试设备通用技术条件。

《电力直流电源系统用测试设备通用技术条件 第1部分：蓄电池电压巡检仪》（DL/T 1397.1—2014）规定了蓄电池电压巡检仪的基本技术要求和安全要求，以及检验方法、检验规则、标志、包装、运输、储存等要求。适用于变电站、换流站、发电厂及其他电力工程中，为直流电源设备配备的阀控式密封铅酸蓄电池组进行蓄电池单体监测的电压巡检仪以及包含这部分功能的在线监测装置（简称产品）的设计、制造、检验和使用。

《电力直流电源系统用测试设备通用技术条件 第2部分：蓄电池容量放电测试仪》（DL/T 1397.2—2014）规定了蓄电池容量放电测试仪的基本技术要求和安全要求，以及检验方法、检验规则、标志、包装、运输、储存等要求。适用于变电站、换流站、发电厂及其他电力工程中，为直流电源设备配备的蓄电池组容量进行现场检验以及相关检验的放电测试仪以及包含这部分功能的在线测试装置（简称产品）的设计、制造、检验和使用。不适用采用逆变放电方式的产品。

《电力直流电源系统用测试设备通用技术条件 第5部分：蓄电池内阻测试仪》（DL/T 1397.5—2014）规定了阀控式密封铅酸蓄电池内阻测试仪的基本技术要求和安全要求，以及检验方法、检验规则、标志、包装、运输、储存等要求。适用于变电站、换流站、发电厂及其他电力工程中，为直流电源设备配备的蓄电池组辅助诊断运行状态的蓄电池内阻测试仪以及包含这部分功能的在线测试装置的设计、制造、检验和使用。适用于测量阀控式密封铅酸蓄电池的评估内阻（简称“内阻”）。

《电力直流电源系统用测试设备通用技术条件 第7部分：蓄电池单体活化仪》（DL/T 1397.7—2014）规定了蓄电池单体活化仪的基本技术要求和安全要求，以及检验方法、检验规则、标志、包装、运输、储存等要求。适用于变电站、换流站、发电厂及其他电力工程中，为直流电源设备配备的蓄电池进行早期衰退诊疗的活化仪（简称产品）的设计、制造、检验和使用。

9. 差异化执行情况

有部分标准在执行中存在差异化执行情况。比如，《电力用固定型阀控式铅酸蓄电池》（DL/T 637—2019）的7.3.2容量性能规定：

蓄电池组按8.17试验，10h率容量在第一次循环时应不低于$0.95C_{10}$，在第3次循环内应达到$1.0C_{10}$，但应不超过$1.2C_{10}$。蓄电池的放电电流和放电终止电压应符合标准中表6的规定。

建议执行《电力系统用蓄电池直流电源装置运行与维护技术规程》（DL/T 724—2021），

其中5.3.1蓄电池组容量测量规定：

5.3.1.2 阀控蓄电池组，阀控蓄电池组的恒流限压充电电流和恒流放电电流均为I_{10}（10h率放电电流）。

新安装的蓄电池组在放电时，只要其中一块蓄电池放电到了终止电压值，应停止放电。终止电压应按蓄电池制造厂提供的数值设置，当制造厂未提供时应采用标准中表3所列对应的终止电压值。

新安装的蓄电池组在三次充放电循环之内，若达不到额定容量，应判定此组蓄电池不合格。

其原因在于，《电力系统用蓄电池直流电源装置运行与维护技术规程》（DL/T 724—2021）对阀控铅酸蓄电池容量试验的要求较详细且便于执行，对蓄电池不合格的判断依据更加合理，因此建议执行《电力系统用蓄电池直流电源装置运行与维护技术规程》（DL/T 724—2021）的要求。

三、技术监督方法

电力技术监督以安全和质量为中心，以技术标准为依据，结合新技术、新设备、新工艺应用情况，动态开展工作。直流电源用铅酸蓄电池技术监督一般的方法和手段有资料检查、旁站监督、试验等。

1. 资料检查

资料检查是指通过查阅资料的方法检查是否符合通用标准，可贯穿监督的各个阶段。

（1）规划可研阶段。查阅资料，包括工程可研报告、可研报告评审意见和可研批复文件等。

（2）工程设计阶段。查阅初设报告、设计图纸、系统图，查阅蓄电池参数选取值，查阅蓄电池室施工图纸。

（3）设备采购阶段。查阅资料包括投标文件、评估报告，蓄电池组的型式试验报告。查阅设备招标资料（技术规范书）。

（4）设备制造阶段。查阅直流电源蓄电池的监造报告、监造大纲等文件。查阅直流电源蓄电池制造过程中资料工艺流程卡、试验记录、蓄电池安全阀抽检报告等。

（5）设备验收阶段。查阅资料包括直流电源蓄电池的订货合同、设计图纸、招投标文件、出厂技术文件、试验报告、产品说明书、合格证和相关检测报告等。检查蓄电池开路电压和内阻测试记录。

（6）设备调试阶段。查阅蓄电池内阻测试报告，查阅蓄电池容量试验报告。

（7）竣工验收阶段。检查蓄电池核对性放电试验记录，在3次循环之内是否达到100％容量要求，试验方法是否规范。检查蓄电池组内阻测试记录，蓄电池内阻一致性是否满足要求。检查蓄电池端电压测试记录，判断端电压的均衡性能符合标准要求。

(8) 运维检修阶段。查阅直流电源蓄电池例行巡视记录，蓄电池电压测试记录表，是否按期对蓄电池组全部单体电压进行测试。查阅蓄电池消缺及处理试验记录。查阅蓄电池内阻测试记录表。查阅蓄电池核对性放电试验报告和核对性放电试验工作计划，检查放电试验方法是否符合要求，是否按要求的试验周期开展。

(9) 退役报废阶段。查阅资料包括项目可研报告、项目建议书、鉴定意见等。查阅资料设备台账、试验记录，现场检查存储仓库。查阅蓄电池台账、再利用记录、项目可研报告、项目建议书、鉴定意见、蓄电池运行年限、检修记录改造记录等资料。

2. 旁站监督

旁站监督是指通过现场查看安装施工、试验检测过程和结果，判断监督要点是否满足监督要求。比如在设备制造阶段，对蓄电池关键节点蓄电池容量试验进行旁站见证，查阅资料工艺流程卡、试验记录、蓄电池安全阀抽检报告等。

3. 试验

试验是指依据已有的标准去验证蓄电池是否达标。通过试验的方法直接检查蓄电池性能，主要的试验有蓄电池核对性放电试验、性能一致性试验、大电流加速放充电循环寿命试验、蓄电池拆解及内部参数试验等。

(1) 蓄电池核对性放电试验。阀控蓄电池组的恒流限压充电电流和恒流放电电流为 I_{10}，额定电压 2V 的蓄电池放电终止电压 1.8V；额定电压 6V 的组合式蓄电池，放电终止电压 5.25V；额定电压 12V 的组合式蓄电池，放电终止电压 10.5V。只要其中任一块蓄电池达到放电终止电压时，应停止放电，3 次充放电循环之内，若达不到额定容量的 100%，此组蓄电池判定为不合格，应予以更换。容量试验合格，可正式投入运行。

(2) 性能一致性试验。该试验为无损试验，试验合格样品仍可用于工程。

1) 抽检比例。新建变电工程，每个厂家每种型号同组蓄电池抽取 6 块。

2) 监督检测时机。设备到货后取样送检，如遇集中投产，实验室检测能力无法满足投产需求时，由施工单位在工程现场按照下述方式开展试验，并提供试验报告。

3) 监督检测方式。

a. 重量一致性。用符合精度的磅秤称量并记录每块蓄电池的重量，计算单块蓄电池重量与 6 块蓄电池平均重量的差值。

b. 开路端电压一致性。完全充电的蓄电池组（6 块）在 25℃±2℃环境中开路静置 24h，分别测记每块蓄电池的开路端电压（测量点在端子处），计算开路端电压最高值和最低值的差值 ΔU。

c. 容量一致性。6 块蓄电池分别完全充电后，进行 10h 率容量放电试验，放电电流 I_{10}

(A)，截止电压1.8V，记录每块蓄电池的放电容量；将6块蓄电池完全充电后串联连接，接入测试仪，设置放电电流 I_{10} (A)，放至其中一块单体蓄电池截止电压1.8V，应停止放电，记录放电容量。换算至25℃的放电容量，计算每块蓄电池容量与蓄电池组容量的差值。

4）检测标准和质量判定依据。

a. 单块蓄电池的重量应符合《固定型阀控式铅酸蓄电池　第1部分：技术条件》(GB/T 19638.1—2014) 中表A.1规定。如果单块蓄电池的质量超过6块蓄电池质量平均值的±5%，虽不判定为不合格，但应保留数据并在月报中提报。

b. 蓄电池开路端电压应符合《电力系统用蓄电池直流电源装置运行与维护技术规程》(DL/T 724—2021) 规定，开路端电压最高值与最低值的差值 $\Delta U \leqslant 0.03$V，否则判定为不合格。

c. 容量一致性试验方法参照《固定型阀控式铅酸蓄电池　第1部分：技术条件》(GB/T 19638.1—2014) 中6.17的规定进行。如果单块蓄电池容量与串联后电池组容量差值超过±5%，虽不判定为不合格，但应保留数据并在月报中提报。

(3) 大电流加速放充电循环寿命试验。该试验为破坏性试验，用于试验的样品不可再用于工程。

1）抽检比例。新建变电工程，每个厂家每种型号同组蓄电池抽取1块。

2）监督检测时机及方式。抽取参与蓄电池性能一致性试验中最先降至截止电压1.8V的1块蓄电池开展大电流加速放充电循环寿命试验。如遇集中投产，实验室检测能力无法满足投产需求时，每个厂家每种型号同组蓄电池随机抽取1块进行大电流加速放充电循环寿命试验。

a. 试验前，将蓄电池完全充电。在25℃±2℃的环境中，以2.4V/单格（限流 I_{10}）的恒定电压充电至电流值5h内稳定不变时，认为蓄电池是完全充电。

b. 试验在50℃±1℃的温度环境中进行，依据表2-1中的放充电参数进行试验。设定测试仪放电电流为 $3I_{10}$（上限值100A），放电至 U_b/单体；充电电流为 $2.5I_{10}$（上限值100A），充电电压为2.4V/单体，充电完毕后组成一个放充电循环，连续进行 n 次循环。

表2-1　不同容量蓄电池的放充电参数

电池容量/Ah	200	300	400
放电电流/A	60	90	100
终止电压 U_b/V	1.75	1.75	1.75
充电电流/A	50	75	100
充电电压/V	2.4	2.4	2.4
循环次数 n	15	15	15

c. 试验过程中定时对蓄电池测温和外观检查，若蓄电池本体最高温度达到70℃或外形发生明显变化，应立即停止试验；如果无异常，经过 n 次完整放充电循环后，将蓄电池在25℃±2℃的环境中静置24h，对蓄电池进行完全充电。按《固定型阀控式铅酸蓄电池　第1部分：技术条件》(GB/T 19638.1—2014) 中6.17的规定，进行10h率容量性能试验，换算至25℃的放电容量 C_a。

3) 检测标准和质量判定依据。经过 n 次完整大电流加速放充电循环寿命试验后用 I_{10} 电流恒流放电，换算至25℃的放电容量 C_a 应不低于 $0.8C_{10}$。高于 $0.8C_{10}$ 的，虽不判定为不合格，但应保留数据并在月报中提报。

(4) 蓄电池拆解及内部参数试验。该试验为破坏性试验，试验后样品不可再用于工程。

1) 抽检比例。新建变电工程，每个厂家每种型号同组蓄电池抽取1块。

2) 监督检测时机及方式。对经过大电流加速放充电循环寿命试验的单只蓄电池进行拆解检查及槽、盖的阻燃能力试验。

3) 检测标准和质量判定依据。

a. 拆解前，对蓄电池外观（壳体是否翘曲、鼓胀或破裂，接线端子是否腐蚀，安全阀是否漏液）进行检查。

b. 拆解后，对蓄电池内部结构（极板是否断裂，隔板是否短缺，极柱与汇流排连接是否断裂，极群是否有异物）进行检查；并对正极板厚度进行测量，若正极板厚度低于3.5mm，则判定蓄电池不合格。

c. 按照《电工电子产品着火危险试验　第16部分：试验火焰50W水平与垂直火焰试验方法》(GB/T 5169.16—2017) 中水平燃烧试验及垂直燃烧试验的方法对蓄电池槽、盖进行材料的阻燃能力试验，并应达到HB（水平级）和V-0（垂直级）的要求，否则判定蓄电池不合格。

4) 整改要求。若抽检发现不合格，该供货商同型号产品须全部接受检测，检测合格后，方可正式使用。

第二节　技术监督要点解析

针对蓄电池技术监督，各阶段监督要点如下：规划可研阶段重点关注蓄电池选型、配置及使用环境适用性（海拔、温度、抗震等）是否满足相关标准及反措要求；工程设计阶段重点关注蓄电池安装位置、个数和容量选择、蓄电池（电压巡检仪和蓄电池内阻测试仪等）在线监测装置配置、蓄电池室配置是否满足相关标准及反事故措施（简称反措）要求；设备采购阶段重点关注蓄电池型式试验报告和厂家资质证明材料、蓄电池组质量是否满足相关标准及反措要求；设备制造阶段重点关注设备监造报告、蓄电池核对性放电、事故放电能力及冲击放电能力试验是否满足相关标准及反措要求；设备验收阶段重点关注蓄电池出厂验收、储存运输、到货验收及各试验报告是否满足相关标准及反措要求；设备安装阶段重点关注蓄电池室（柜）要求、蓄电池组要求是否满足相关标准及反措要求；设备调试阶段重点关注蓄电池单体内阻测试、蓄电池全组核对性放电试验报告是否满足相关标准及反措要求；竣工验收阶段重点关注蓄电池安装相关验收试验、技术资料、设计联络文件归档及各试验报告是否满足相关标准及反措要求；运维检修阶段重点关注例行巡视、专业巡视、故障/缺陷管理、定期轮换试验、蓄电池单体电压内阻测量、周期试验是否满足相关标准及反措要求；退役报废阶段重点关注蓄电池退役鉴定审批手续、退役再利用管理、备品设备存放管理、报废鉴定审批手续、报废后处置是否满足相关标准及反措要求。

一、规划可研阶段

1. 设备运行环境要求

设备运行环境要求是规划可研阶段重要的监督项目。设备运行环境要求在规划可研阶段起着前提和基础的作用，是整个项目能够科学、高效开展的必备条件之一，对项目后期的顺利进行有制约效果。在规划可研阶段规范设备的运行环境要求有利于保障整个项目科学、有序开展，减少故障概率，是提高设备的安全运行性能的前提之一。开展本条目监督时，可采用参加可研报告审查会，查阅资料，包括工程可研报告、可研报告评审意见和可研批复文件等，查阅结果是否满足要求。记录工程可研报告、可研报告评审意见和批复文件查阅结果是否满足要求。当不满足要求时，应向相关职能部门提出重新开始设备运行环境情况的评估工作。

直流电源蓄电池环境适用性（海拔、温度、抗震等）应满足运行现场的环境条件；设备安装及使用地点无影响设备安全的不良因素。

《电力工程直流电源设备通用技术条件及安全要求》（GB/T 19826—2014）对设备运行环境做出了规定。

2. 影响量和影响因素标称范围的标准极限值

影响量和影响因素标称范围的标准极限值见表 2-2。

表 2-2 影响量和影响因素标称范围的标准极限值

影响量和影响因素	标称范围
环境温度	−5℃～+40℃，−10℃～+55℃ 日平均温度不超过 35℃
输入交流电源电压	(85%～120%) U_n (U_n 为交流输入额定电压)

续表

影响量和影响因素	标称范围
交流输入电压不对称度	不超过5%
频率变化范围	不超过±2%
大气压力	80～110kPa
相对湿度	最湿月的月平均最大相对湿度为90%，同时该月的月平均最低温度为25℃，且表面无凝露
工作位置	偏离基准位置任一方向5°

注 特殊环境要求，由制造厂在标准中规定，或制造厂和用户协商。

此外，国家电网有限公司和中国南方电网有限责任公司均对直流电源蓄电池的使用环境条件做出了规定。

国家电网有限公司企业标准《变电站直流电源系统技术标准》（Q/GDW 11310—2014）中规定：

4.1.1 海拔不超过2000m。

4.1.2 设备运行环境温度不高于40℃，不低于−10℃。

4.1.3 日平均相对湿度不大于95%，月平均相对湿度不大于90%。

4.1.4 安装使用地点无强烈振动和冲击，无强电磁干扰，外磁场感应强度不得超过0.5mT。

4.1.5 安装垂直倾斜度不超过5%。

4.1.6 使用地点不得有爆炸危险介质，周围介质不含有腐蚀金属和破坏绝缘的有害气体及导电介质。

中国南方电网有限责任公司企业标准《直流电源系统技术监督导则》（Q/CSG 1203003—2013）中规定：

4.1.1 大气压力（80～110）kPa（海拔2000m及以下）；

4.1.2 设备运行期间周围空气温度不高于40℃，不低于−10℃。

4.1.3 设备在5%～95%湿度运行时，产品内部既不应凝露也不应结冰。

4.1.4 安装使用地点无强烈振动和冲击，无强烈电磁干扰，空气中无爆炸危险及导电介质，不含有腐蚀金属和破坏绝缘的有害气体等存在。

4.1.5 安装垂直倾斜度不超过5%。

二、工程设计阶段

1. 蓄电池选型（含一体化电源）

蓄电池选型（含一体化电源）是工程设计阶段较重要的监督项目。随着阀控式密封铅酸蓄电池技术的不断发展完善，该项技术得到了广泛的应用，事实证明，此类型的蓄电池为变电站直流电源系统的安全运行及维护提供了可靠的保障。故在蓄电池选型阶段一般要求选择阀控密封铅酸蓄电池，铅酸蓄电池宜采用单体为2V的蓄电池，直流电源成套装置组柜安装的铅酸蓄电池也可采用6V或12V蓄电池。蓄电池的选型是直流电源系统规划可研阶段比较重要的内容之一。

开展本条目监督时，可参加可研报告审查会，或者查阅资料，包括工程可研报告、可研报告评审意见和可研批复文件等，查阅结果是否满足要求；记录工程可研报告、可研报告评审意见和批复文件查阅结果是否满足要求。当不满足要求时，应向相关职能部门提出重新开始进行蓄电池选型工作的可研性研究。

《电力工程直流电源系统设计技术规程》(DL/T 5044—2014) 中对蓄电池选型做出了规定：

3.3.1 蓄电池型式选择应符合下列要求：直流电源宜采用阀控式密封铅酸蓄电池，也可采用固定型排气式铅酸蓄电池。

3.3.2 铅酸蓄电池应采用单体为2V的蓄电池，直流电源成套装置组柜安装的铅酸蓄电池宜采用单体为2V的蓄电池，也可采用6V或12V组合电池。

2. 蓄电池组配置（含一体化电源）

蓄电池组配置（含一体化电源）是工程设计阶段最重要的监督项目。直流系统工程设计阶段的蓄电池组数配置主要是与系统运行方式、蓄电池组容量结合起来考虑，考虑到整个直流系统负荷的要求来进行选择和配置。蓄电池组配置是直流电源系统规划可研阶段重要的基础内容之一。

开展本条目监督时，可参加可研报告审查会，或者查阅资料，包括工程可研报告、可研报告评审意见和可研批复文件等，查阅蓄电池组配置数量是否满足要求；记录工程可研报告和可研报告评审意见中蓄电池组配置是否满足要求。当不满足要求时，应向相关职能部门提出重新开始进行蓄电池组配置的可研性研究。

《电力工程直流电源系统设计技术规程》(DL/T 5044—2014) 中规定：

3.3.3 蓄电池组数配置应符合下列要求：

110kV及以下变电站宜装设1组蓄电池，对于重要的110kV变电站也可装设2组蓄电池；

220kV～750kV变电站应装设2组蓄电池；

1000kV变电站宜按直流负荷相对集中配置2套直流电源系统，每套直流电源系统装设2组蓄电池；

当串补站毗邻相关变电站布置且技术经济合理时，宜与毗邻变电站共用蓄电池组。当串补站独立设置时，可装设2组蓄电池；

直流换流站宜按极或阀组和公用设备分别设置直流电源系统，每套直流电源系统应装设2组蓄电池。站公用设备用蓄电池组可分散或集中设置。背靠背换流站宜按背靠背换流单元和公用设备分别设置直流电源系统，每套直流电源系统应装设2组蓄电池。

3. 蓄电池组容量

蓄电池组容量是工程设计阶段较重要的监督项目之一。蓄电池为变电站直流电源系统的安全运行的可靠保障，随着变电站综自化程度的提高以及无人值守运行方式的广泛应用，必须保证蓄电池容量选择的合理性、科学性，这对直流电源整体的可靠运行有非常重要意义。必须严格遵守监督依据的各项规程要求，严格直流电源系统的蓄电池容量的设计选择。蓄电池组容量的配置是直流电源系统工程设计阶段重要的核心内容。

开展本条目监督时，可参加初设审查会，或查阅资料，包括直流电源系统初设报告、设计图纸、系统图等。记录工程可研报告、设计图纸蓄电池容量配置是否满足要求；查看记录工程可研报告、设计图纸蓄电池容量配置是否合理。不满足要求时应向相关职能部门提出重新设计选择蓄电池容量。

《电力工程直流电源系统设计技术规程》(DL/T 5044—2014) 中规定：

6.1.5 蓄电池容量选择应符合下列规定：

(1) 满足全厂（站）事故全停电时间内的放电容量；

(2) 满足事故初期 (1min) 直流电动机启动电流和其他冲击负荷电流的放电容量；

(3) 满足蓄电池组持续放电时间内随机冲击负荷电流的放电容量。

6.1.6 蓄电池容量选择的计算应符合下列规定。

(1) 按事故放电时间分别统计事故放电电流，确定负荷曲线；

(2) 根据蓄电池型式、放电终止电压和放电时间，确定相应的容量换算系数 K_c；

(3) 根据事故放电电流，按事故放电阶段逐段进行容量计算，当有随机负荷时，应叠加在初期冲击负荷或第一阶段以外的计算容量最大的放电阶段；

(4) 选取与计算容量最大值接近的蓄电池标称容量 C_{10} 作为蓄电池的选择容量；

(5) 蓄电池容量选择应按照本规程附录C“C.2 蓄电池容量选择”的方法计算。

各电网公司也发布了相关标准，做出了更细致的规定，比如国家电网有限公司企业标准《无人值守变电站技术导则》(Q/GDW 10231—2016) 中规定：

5.7 交直流电源

5.7.1 无人值守变电站的交直流电源设备应可靠，宜配置相应的监视措施并通过自动化系统送至调度和监控中心。蓄电池容量应按最大容量配置，至少满足全站设备2h以上，事故照明1h以上的用电要求。运维站到变电站路程超过2h的，应增加容量以适应故障抢险时间需要。

4. 蓄电池组安装位置

蓄电池组安装位置是工程设计阶段重要的监督项目之一。严格直流电源系统网络供电方式的选择，对保证直流电源系统安全、稳定、可靠运行有重要意义，必须严格遵守监督依据的各项规程要求，方能以科学、合理的方式构建各级直流电源网络。蓄电池安装位置的选择是影响蓄电池使用寿命、稳定运行的重要因素。

开展本条目监督时，可查阅初设报告和施工图纸等，记录工程可研报告和可研报告评审意见中蓄电池安装位置是否满足要求；查看初设报告和施工图纸等蓄电池安装位置是否满足要求。不满足要求时应向相关职能部门提出重新对蓄电池的安装位置进行设计。

《电力工程直流电源系统设计技术规程》(DL/T 5044—2014) 中规定：

7.2 阀控式密封铅酸蓄电池组布置

7.2.2 胶体式阀控式密封铅酸蓄电池宜采用立式安装，贫液吸附式的阀控式密封铅酸蓄电池可采用卧式或立式安装。

7.2.3 蓄电池安装宜采用钢架组合结构，可多层叠放，以便于安装、维护和更换蓄电池。台架的底层距地面为150mm～300mm，整体高度不宜超过1700mm。

7.2.4 同一层或同一台上的蓄电池间宜采用有绝缘的或有护套的连接条连接，不同一层或不同一台上的蓄电池间宜采用电缆连接。

5. 蓄电池室

蓄电池室是工程设计阶段重要的监督项目之一。蓄电池室对蓄电池组的安全、稳定、可靠运行提供保障作用，并且会对蓄电池的使用寿命造成影响。蓄电池室的设计选择是直流电源系统工程设计阶段中不可忽视的重要组成部分。必须严格按照规程要求，对蓄电池室进行设计选择。蓄电池室的设计对蓄电池的使用寿命、性能有一定影响作用。

开展本条目监督时，可查阅设计图纸等，记录工程设计图纸是否满足要求。不满足要求时应向相关职能部门提出重新对蓄电池室进行设计选择。

采用《电力工程直流电源系统设计技术规程》(DL/T 5044—2014) 中8.1、8.2相关要求。

8.1 专用蓄电池室的通用要求

8.1.1 蓄电池室的位置应选择在无高温、无潮湿、无震动、少灰尘、避免阳光直射的场所，宜靠近直流配电间或布置有直流柜的电气继电器室。

8.1.2 蓄电池室内的窗玻璃应采用毛玻璃或涂以半透明油漆的玻璃，阳光不应直射室内。

8.1.3 蓄电池室应采用非燃性建筑材料，顶棚宜做成平顶，不应吊天棚，也不宜采用折板或槽形天花板。

8.1.4 蓄电池室内的照明灯具应为防爆型，且应布置在通道的上方，室内不应装设开关和插座。蓄电池室内的地面照度和照明线路敷设应符合《发电厂和变电站照明设计技术规定》(DL/T 5390—2014) 的有关规定。

8.1.5 基本地震烈度为7度及以上的地区，蓄电池组应有抗震加固措施，并应符合《电力设施抗震设计规范》(GB 50260—2013) 的有关规定。

8.1.6 蓄电池室走廊墙面不宜开设通风百叶窗或玻璃采光窗，采暖和降温设施与蓄电池间的距离不应小于750mm，蓄电池室内采暖散热器应为焊接的钢制采暖散热器，室内不允许有法兰、丝扣接头和阀门等。

8.1.7 蓄电池室内应有良好的通风设施。蓄电池室的采暖通风和空气调节应符合《发电厂供暖通风与空气调节设计规范》(DL/T 5035—2016) 的有关规定。通风电动机应为防爆式。

8.1.8 蓄电池室的门应向外开启，应采用非燃烧体或难燃烧体的实体门，门的尺寸宽×高不应小于750mm×1960mm。

8.1.9 蓄电池室不应有与蓄电池无关的设备和通道。与蓄电池室相邻的直流配电间、电气配电间、电气继电器室的隔墙不应留有门窗及孔洞。

8.1.10 蓄电池组的电缆引出线应采用穿管敷设，且穿管引出端应靠近蓄电池的引出端。穿金属管外围应涂防酸（碱）泊漆，封口处应用防酸（碱）材料封堵。电缆弯曲半径应符合电缆敷设要求，电缆穿管露出地面的高度可低于蓄电池的引出端子200mm～300mm。

8.1.11 包含蓄电池的直流电源成套装置柜布置的房间，宜装设对外机械通风装置。

8.2 阀控式密封铅酸蓄电池组专用蓄电池室的特殊要求。

8.2.1 蓄电池室内温度宜为15℃～30℃。

8.2.2 当蓄电池组采用多层叠装且安装在楼板上时，楼板强度应满足荷重要求。

三、设备采购阶段

蓄电池组是设备采购阶段重要的监督项目之一。蓄电池的质量状况关系到整个直流电源系统后备电源的可靠性，这就要求在设备采购阶段对蓄电池的制造质量保持足够的关注。必须严格按照规程要求，落实各项蓄电池性能指标，进行设备采购。蓄电池的选择是直流电源系统设备采购阶段需要注意的问题。

开展本条目监督时，可查阅技术规范书，检查记录蓄电池组状况是否满足监督要点要求。如果蓄电池组状况不满足要求时，应向相关职能部门提出意见，及时整改，按规程要求重新进行采购。

《电力用固定型阀控式铅酸蓄电池》（DL/T 637—2019）中规定：

第十三条 检测项目及要求：

1）壳体是否清洁和有无爬酸现象，若有应擦拭干净，并保持通风和干燥；

2）壳体是否有渗漏、变形，若有应及时更换；

3）极柱螺丝是否松动，若有应紧固；

4）环境温度是否正常。

《国家电网公司直流电源系统技术监督导则》（Q/GDW 11078—2013）中规定：

5.7.2.3 10）蓄电池组电池端电压一致性的要求，阀控式蓄电池在浮充运行中电压偏差值及开路状态下最大最小电压差值应满足下列的规定。阀控式蓄电池在浮充运行中的电压偏差值及开路状态下电压差值，阀控式蓄电池标称电压 2V，浮充运行中的电压偏差值±0.05V，开路电压差值 0.03V。

四、设备制造阶段

蓄电池是设备制造阶段重要的监督项目。蓄电池的质量对直流电源系统的安全性能有直接影响，对保证直流电源系统投运后的安全、稳定、可靠运行有重要意义，必须按照监督依据的各项规程要求进行蓄电池制造工作，杜绝各类设备质量隐患的产生。蓄电池的制造是直流电源系统设备制造阶段重要的环节之一。

开展本条目监督时，可对蓄电池容量试验进行旁站见证，查阅资料工艺流程卡、试验记录、蓄电池安全阀抽检报告，蓄电池事故冲击放电能力报告等。如果记录蓄电池相关参数及试验结果不满足要求，应向相关职能部门提出意见，及时整改，按规程要求进行蓄电池制造工作。

《直流电源系统技术监督导则》（Q/GDW 11078—2013）中规定：

5.4.2.4 结合实际情况对直流电源类设备中的蓄电池核对性放电、事故放电能力等参数进行测试，必要时对蓄电池极板和极柱焊接工艺、安全阀动作值进行抽检；

《电力用固定型阀控式铅酸蓄电池》（DL/T 637—2019）中规定：

7.3.5 冲击放电性能

蓄电池组按 8.20 试验，冲击放电时蓄电池组端电压不应低于 202V。不同标称电压蓄电池的预放电流和冲击放电电流应符合表 7 的规定。

8.20 冲击放电性能试验

8.20.1 蓄电池完全充电后，在表 2 规定的适宜使用温度（＋15℃～＋30℃）下静置 1h～4h。

8.20.2 待蓄电池组表面温度与环境温度基本一致时，以表 7 规定的预放电流放电 1h，在不停止预放电流的情况下，叠加表 7 规定的冲击放电电流，冲击放电时间为 0.5s。

8.20.3 测记放电开始前的蓄电池组开路电压和放电开始时的蓄电池组端电压。在预放电期间，测记蓄电池组的端电压，端电压的测记间隔为 10min。

表 7 蓄电池的冲击放电性能参数

标称电压/V	预放电流/A	冲击放电电流/A	冲击放电时蓄电池组端电压/V
2	1.0 I_{10}	6 I_{10} 且不超过 240A	202
12	2.5 I_{10}	10 I_{10} 且不超过 240A	202

五、设备验收阶段

1. 出厂试验报告

出厂试验报告是设备验收阶段重要的监督项目。出厂验收工作是整个设备验收阶段工作的基础，出厂验收试验为了验证产品能否满足技术规范的全部要求所进行的试验。它是新产品鉴定中必不可少的一个环节。只有通过出厂试验，该产品才能正式投入生产。这对保证直流电源系统投运后的安全、稳定、可靠运行有重要意义，必须按照监督依据的各项规程要求进行设备的出厂验收工作，杜绝各类设备质量隐患的产生。出厂试验报告是直流电源系统设备验收阶段基础性材料。

开展本条目监督时，可查阅资料，包括订货合同、设计图纸、招投标文件、出厂技术文件、试验报告、产品说明书、合格证和相关检测报告等。经查资料等如果出厂试验报告不满足要求时，应向相关职能部门提出意见，及时整改，按规程要求进行出厂试验。

《直流电源系统技术监督导则》（Q/GDW 11078—2013）中规定：

5.5 设备验收阶段：

5.5.1 设备验收阶段分为出厂验收和现场验收。

5.5.2 监督内容及要求。

5.5.2.1 出厂验收阶段主要监督以下内容：

a）设备制造工艺、装置性能、检测报告等应满足订货合同、设计图纸、相关标准和招投标文件要求；

b）在各个监督阶段技术监督人员提出的问题和整改要求得到全面落实；

c）设备出厂技术文件、调试记录、试验报告、产品说明书、产品合格证等与实物相符；

d）应对蓄电池进行全容量的核对性放电试验，检验其容量满足要求；

e）蓄电池组出口保护电器采用具有熔断器保护特性的直流断路器，额定电流满足规程要求；

f）蓄电池厂家壳体压力检测报告，释放后壳体无残余变形；

g）蓄电池厂家安全阀检测报告，安全阀压力动作值符合要求。

2. 储存运输

储存运输是设备验收阶段重要的监督项目之一。储存运输是设备出厂的最后关键程序，其标准执行的优劣直接影响设备的投运，必须严格按照规程要求，进行设备的储存运输。直流电源设备储存运输工作是设备验收阶段的基础性环节。

开展本条目监督时，可对现场检查是否满足安装要求。如果记录结果不满足要求，应向相关职能部门提出意见，及时整改，按规程要求进行直流电源设备储存运输工作。

《直流电源系统技术监督导则》（Q/GDW 11078—2013）中规定：

5.6.2.1 蓄电池组的标志、包装、运输、储存应满足《电力用固定型阀控式铅酸蓄电池》（DL/T637—2019）有关规定：

a）蓄电池组应有下列标志：制造厂名及商标、型号及规格、极性符号、生产日期；

b）包装箱外壁应有下列标志：产品名称、型号及规格、数量、制造厂名、单箱净重及毛重、标明防潮、不准倒置、轻放等标记、出厂日期、产品批号；

c）蓄电池包装应符合制造厂有关技术文件规定。随同产品出厂提供下列文件：产品合格证、装箱单、产品使用维护说明书；

d）在运输过程中，产品不得受剧烈冲撞和暴晒雨淋，不得倒置；在装卸过程中应轻搬轻放，严防摔、掷、翻滚、重压；

e）储存应符合下列要求：存放在－10℃～40℃干燥、通风、清洁的仓库内，不受阳光直射、离热源（暖气设备）不得少于2m、避免与任何有毒气体有机溶剂接触，不得倒置；

f）不得超过厂家允许的储存时间，否则将影响蓄电池使用寿命和功能。

3. 到货验收

到货验收是设备验收阶段重要的监督项目之一。到货验收是设备验收阶段的最后程序，为其后的设备安装起到保证作用，其标准执行的优劣直接影响设备的投运，必须严格按照规程要求，进行设备的到货验收工作。到货验收工作是设备验收阶段的最后环节。

开展本条目监督时，可查阅资料，包括检查蓄电池开路电压和内阻测试记录。如果记录结果不满足要求，应向相关职能部门提出意见，及时整改，按规程要求进行直流电源设备到货验收工作。

《国家电网公司直流电源系统技术监督导则》（Q/GDW 11078—2013）中规定：

5.5.2.2 现场验收阶段主要监督以下内容：

a）蓄电池组、附件的检测报告及设备满足订货合同、设计图纸及相关标准要求；

b）出厂试验应按相关标准、规程及订货合同执行，并提供完整、合格的试验报告；

c）订货合同中规定的见证或抽检项目，应按要求开展并符合相关标准规定。

《电力用固定型阀控式铅酸蓄电池》（DL/T 637—2019）中规定：

4.4 开路电压 蓄电池组中各蓄电池的开路电压最大最小电压差值不得超过表1规定值。

4.18 内阻值 制造厂提供的蓄电池内阻值应与实际测试的蓄电池内阻值一致，允许偏差范围为±10%。

4. 专项技术监督

蓄电池专项技术监督是设备验收阶段重要的监督项目之一。该项目有助于切实发现蓄电池的质量问题，掌握影响蓄电池寿命的关键因素。蓄电池专项技术监督是设备验收阶段的关键环节。

开展本条目监督时，可检查专项技术监督试验报告或进行现场见证。如果记录结果不满足要求，应向相关职能部门提出意见，及时整改，按规程要求进行蓄电池专项技术监督。

《国家电网有限公司十八项电网重大反事故措施》（国家电网设备〔2018〕979号）中规定：

5.3.3.1 应加强站用直流电源专业技术监督，完善蓄电池入网检测、设备抽检、运行评价。

六、设备安装阶段

1. 蓄电池室（柜）要求（土建专业）

蓄电池室（柜）要求是设备安装阶段重要的监督项目。目前变电站内在一蓄电池室安装多组蓄电池，为防止一组蓄电池发生爆炸时对其他蓄电池组造成破坏，必需要在蓄电池组之间装设防爆隔火墙。室内应保持适当的温度，并保持良好的通风，为蓄电池提供良好的运行环境，提高蓄电池组的使用寿命，提高直流系统安全运行可靠性。蓄电池室内不得安装能发生电气火花的器具是为了防止电气火花造成蓄电池短路，从而引起蓄电池发生火灾。蓄电池室的门应向外开启，应采用非燃烧体或难燃烧体的实体门，是为了保证蓄电池发生事故时，能够保障蓄电池室及时打开，进行事故处理，将事故的损失最小化。对于蓄电池室的要求至关重要，直接关系到蓄电池的安全稳定运行，是保障蓄电池运行环境的重要环节，良好的环境有利于提高蓄电池的使用寿命，保证直流系统运行的可靠性。如果蓄电池室不满足要求，将为蓄电池的运行埋下重大隐患，因此有必要对蓄电池室提出要求。

开展本条目监督时，可现场检查蓄电池室防爆措施、通风、散热及温度是否满足要求。当发现本条目不满足时，应根据蓄电池室的现场情况对照标准向相关部门提出补修要求。

《变电站直流电源系统技术标准》（Q/GDW 11310—2014）中规定：

5.8.1.2 同一蓄电池室安装多组蓄电池时，应在各组之间装设防爆隔火墙。

5.8.1.3 蓄电池室或蓄电池柜体应通风、散热良好，装设温、湿度测量装置。安装阀控式蓄电池的房间的温度应为15℃～30℃，不能满足的应装设采暖、降温设施。

《直流电源系统技术监督导则》（Q/GDW 11078—2013）的5.7.2.3中规定：

2）蓄电池室的门应向外开启，门上应有“严禁烟火”等字样。蓄电池室内禁止明火，不得安装能发生电气火花的器具（如开关、插座等）。蓄电池室照明充足、通风良好，应使用防爆灯具。蓄电池室温度宜保持在15℃～30℃，最高不得超过35℃，不能满足的应装设调温设施。

2. 蓄电池组安装工艺要求

蓄电池组安装工艺要求是设备安装阶段重要的监督项目。对蓄电池安装工艺要求不到位，可能造成施工质量下降，影响到蓄电池的正常运行，间距不够会影响到蓄电池组正常运行时散热，从而降低蓄电池的使用寿命。重要工艺环节如不严格要求就无法保证设备安装阶段工程质量，良好的蓄电池安装工艺能够保障蓄电池运行，提高蓄电池的使用寿命。

开展本条目监督时，可现场检查蓄电池摆放间距及安装情况，检查电池导电板或连接线。当发现本条目不满足时，应根据现场蓄电池组安装情况对照标准向相关部门提出整改要求。

《变电站直流电源系统技术标准》（Q/GDW 11310—2014）中规定：

5.8.1.4 蓄电池柜（室）内的蓄电池应摆放整齐并保证蓄电池间距不小于15mm、层间距不小于150mm。

《固定型阀控式铅酸蓄电池 第2部分：产品品种和规格》（GB/T 19638.2—2014）中规定：

固定型蓄电池由于是成组使用，其连接方式有两种：一种是用导电板连接。另一种是使用连接线连接。导电板或连接线使用耐酸六角螺栓与端子连接，通常情况选用螺丝杆的直径为 6mm～12mm。

七、设备调试阶段

1. 蓄电池全组核对性放电试验

蓄电池全组核对性放电试验是设备调试阶段重要的监督项目。有些新投蓄电池组容量不能满足要求，3 次充放电循环后，达不到额定容量值的 100%。蓄电池容量达不到要求，在发生变电站交流失电时，会造成变电站内设备全站失电，影响变电站可靠安全稳定运行。

开展本条目监督时，可采用查阅蓄电池容量试验报告，查看试验报告中按照 10 小时放电率进行放电，其中一块电池达到终止电压，停止放电，在 3 次循环内容量达不到 100%，此组电池为不合格。当发现本条目不满足时，应及时提出试验要求，试验数据不合格，建议进行更换，待试验数据合格后方可确认蓄电池具备运行条件。

相关标准：《电力系统用蓄电池直流电源装置运行与维护技术规程》（DL/T 724—2021）中规定：

5.3.3 c）阀控蓄电池组容量试验。

阀控蓄电池组的恒流限压充电电流和恒流放电电流均为 I_{10}，额定电压为 2V 的蓄电池，放电终止电压为 1.8V；额定电压为 12V 的组合蓄电池，放电终止电压为 10.5V。只要其中一个蓄电池放到了终止电压，应停止放电。在 3 次充放电循环之内，若达不到额定容量值的 100%，此组蓄电池为不合格。

2. 蓄电池组端电压一致性试验

蓄电池组端电压一致性试验是设备调试阶段重要的监督项目。有些蓄电池组因为生产工艺及制造环节中的细微差别导致电池组中各个电池内阻差别交大，一致性较差。蓄电池的内阻越大，蓄电池自身消耗掉的能量越多，其使用效率越低。内阻很大的蓄电池在充电时发热很厉害，使蓄电池的温度急剧上升，对蓄电池和充电器的影响都很大。随着蓄电池使用次数的增多，由于电解液的消耗及蓄电池内部化学物质活性的降低，蓄电池的内阻会有不同程度的增大，质量越差的蓄电池增大的越快。当发现本条目不满足时，应及时提出试验要求，试验数据不合格，建议进行更换，待试验数据合格后方可确认蓄电池具备运行条件。

《直流电源系统技术监督导则》（Q/GDW 11078—2013）中规定：

5.7.2.3 蓄电池组安装调试、放电容量、端电压、内阻值、温度等指标应满足下列要求：

j）蓄电池组电压端电压一致性的要求：阀控式蓄电池在浮充运行中电压偏差值及开路状态下最大最小电压差值应满足表 3 的规定。

表 3　　阀控式蓄电池在浮充运行中的电压偏差值及开路状态下电压差值

阀控式蓄电池	标称电压		
	2V	6V	12V
浮充运行中的电压偏差值	±0.05V	±0.15V	±0.3V
开路电压差值	0.03V	0.04V	0.06V

八、竣工验收阶段

1. 蓄电池安装

蓄电池安装是竣工验收阶段重要的监督项目。对于蓄电池室的要求至关重要，直接关系到蓄电池的安全稳定运行，是保障蓄电池运行环境的重要环节，良好的环境有利于提高蓄电池的使用寿命，保证直流系统运行的可靠性。重要工艺环节如不严格要求就无法保证设备安装阶段工程质量，良好的蓄电池安装工艺能够保障蓄电池运行，提高蓄电池的使用寿命。蓄电池室内不得安装能发生电气火花的器具是为了防止电气火花造成蓄电池短路，从而引起蓄电池发生火灾。对蓄电池安装工艺要求不到位，可能造成施工质量下降，影响到蓄电池的正常运行，间距不够会影响到蓄电池组正常运行时散热，从而降低蓄电池的使用寿命。蓄电池安装时应用厂家规定的力矩扳手进行紧固，保证蓄电池组的完好，紧固时若力度过大，可能造成蓄电池极柱损坏。蓄电池组的每个蓄电池应按顺序标明编号，便于检修人员进行检修，若没有按照顺序进行编号，则会为检修工作带来不必要的麻烦。蓄电池组电缆引出线正、负极的极性及标识应正确，便于检修人员分清蓄电池极性。蓄电池组电源引出电缆应采用过渡板连接并加绝缘保护罩，防止蓄电池正负极短路发生，保证蓄电池安全稳定运行。

开展本条目监督时，可现场检查蓄电池室灯具是否齐全完好，开关是否安装在室外，通风电机是否运转正常，蓄电池摆放是否符合标准要求，蓄电池连接安装是否符合标准要求，蓄电池外观是否良好、无渗漏、编号齐全，蓄电池组电缆引出线是否符合标准要求。

当发现本条目不满足时，应根据现场蓄电池室灯具开关实际情况、蓄电池摆放安装工艺、蓄电池对外观及电缆引出线的情况及时提出更改要求，达到标准要求后方可确认蓄电池具备送电条件。

《电气装置安装工程 蓄电池施工及验收规范》（GB 50172—2012）的“6 质量验收”中规定：

（1）蓄电池室的建筑工程及其辅助设施应符合设计要求，照明灯具和开关的形式及装设位置应符合设计要求。

(2) 蓄电池安装位置应符合设计要求。蓄电池组应排列整齐，间距应均匀，应平稳牢固。

(3) 蓄电池间连接条应排列整齐，螺栓应紧固、齐全，极性标识应正确、清晰。

(4) 蓄电池组每个蓄电池的顺序编号应正确，外壳应清洁，液面应正常。

蓄电池组的引出电缆的敷设应符合《电气装置安装工程 电缆线路施工及验收标准》(GB 50168—2018) 的有关规定。电缆引出线正、负极的极性及标识应正确，且正极应为赭色，负极应为蓝色。蓄电池组电源引出电缆不应直接连接到极柱上，应采用过渡板连接。电缆接线端子处应有绝缘防护罩。

《变电站直流电源系统技术标准》(Q/GDW 11310—2014) 中规定：

5.8.1.3 蓄电池室或蓄电池柜体应通风、散热良好，装设温、湿度测量装置。安装阀控蓄电池的房间温度应为15℃～30℃，不能满足的应装设采暖、降温设施。

5.8.1.4 蓄电池柜（室）内的蓄电池应摆放整齐并保证蓄电池间距不小于15mm、层间距不小于150mm。

2. 验收试验

(1) 蓄电池全容量的核对性放电试验及内阻测试。蓄电池全容量的核对性放电试验及内阻测试是竣工验收阶段重要的监督项目。有些蓄电池安装完成后整组容量不能满足要求，3次充放电循环后，达不到额定容量值的100%。蓄电池随着运行时间变化内阻变化较大，对每次内阻值做好测量和记录进行比较，能够发现运行中异常或故障电池。蓄电池全容量的核对性放电试验，可使蓄电池得到活化，容量100%，使用寿命延长，确保变电站安全运行。蓄电池内阻测试及时发现异常或故障蓄电池，及时进行处理，保障蓄电池良好运行，提高整组蓄电池的使用寿命。

开展本条目监督时，可检查试验记录，在3次循环之内是否达到100%容量要求，试验方法是否规范，是否有蓄电池组内阻值的测量记录。当发现本条目不满足时，应及时提出试验要求，若试验数据不合格，建议进行更换，待试验数据合格后方可确认蓄电池具备运行条件。

《国家电网有限公司十八项电网重大反事故措施》(2018年修订版) 中规定：

5.3.2.2 安装完毕投运前，应对蓄电池组进行全容量核对性充放电试验，经3次充放电仍达不到100%额定容量的应整组更换。

《电力系统用蓄电池直流电源装置运行与维护技术规程》(DL/T 724—2021) 中规定：

c) 阀控蓄电池组容量试验

阀控蓄电池组的恒流限压充电电流和恒流放电电流均为 I_{10}，额定电压为2V的蓄电池，放电终止电压为1.8V；额定电压为6V的组合式电池，放电终止电压为5.25V；额定电压为12V的组合蓄电池，放电终止电压为10.5V。只要其中一个蓄电池放到了终止电压，应停止放电。在3次充放电循环之内，若达不到额定容量值的100%，此组蓄电池为不合格。

（2）蓄电池电压的均衡试验。蓄电池电压的均衡试验是竣工验收阶段重要的监督项目。每个电池放电不完全相同，对于部分电池可能会偏大或偏小，影响蓄电池的内阻和容量，进而影响整组电池的出力，为使电池能在健康的水平下工作，应对蓄电池电压进行均衡充电试验。蓄电池电压的均衡试验能够使得蓄电池电压保持一致性，保证蓄电池健康运行。

开展本条目监督时，可采用检查试验报告或现场实测，端电压的均衡性能符合标准要求。应及时提出试验要求，若试验数据不合格，建议进行更换，待试验数据合格后方可确认蓄电池具备运行条件。

《变电站直流电源系统技术标准》（Q/GDW 11310—2014）中规定：

5.8.3 阀控式蓄电池的一致性要求

阀控式蓄电池开路状态下最大最小电压值应满足0.03V（2V）；0.04V（6V）；0.06V（12V）；阀控式蓄电池在浮充运行中电压偏差值应满足±0.05V（2V）；±0.15V（6V）；±0.3V（12V）。新安装蓄电池组中不合格电池的数量达到或超过整组数量的5%时应整组更换。

3. 技术资料

变电站投运后，防止设备基础资料缺失，便于设备发生故障时有资料可循，应提供全面的技术资料。技术资料作为设备能够可靠运行有力证据，保证设备资料有章可循。开展本条目监督时，可采用检查各种文件资料，说明书应与实际设备型号相符，试验报告项目齐全。当发现本条目不满足时，应及时向相关部门汇报情况，资料不满足要求要点的情况，要求进行补充相关技术资料。

《直流电源系统技术监督导则》（Q/GDW 11078—2013）中规定：

8.3 直流电源类设备验收投产后，项目主管部门应及时将订货文件、设计联络文件、监造报告、设计图纸资料、供货清单、使用说明书、备品备件资料、出厂试验报告、型式试验报告、施工记录、交接试验报告、监理报告、调试报告、验收记录等资料移交存档，运行维护单位应及时将收集的设备台账等基础资料录入生产管理信息系统。

九、运维检修阶段

1. 例行巡视重点关注

例行巡视是运维检修阶段重要的监督项目。为确保直流电源的安全稳定，保障电网安

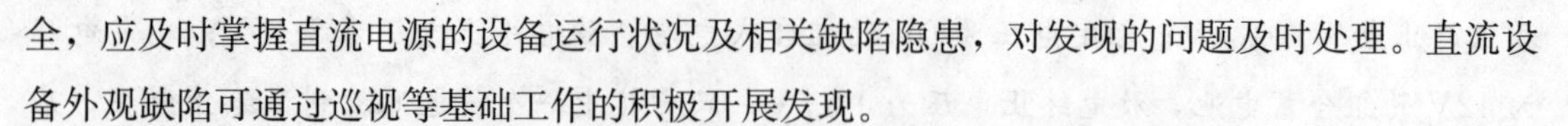

全，应及时掌握直流电源的设备运行状况及相关缺陷隐患，对发现的问题及时处理。直流设备外观缺陷可通过巡视等基础工作的积极开展发现。

开展本条目监督时，可查阅直流电源设备运行巡视记录等资料。当发现本条目不满足时，应及时提出对直流电源设备按照巡视要求进行例行巡视。

《直流电源系统技术监督导则》（Q/GDW 11078—2013）的5.9.2中规定：

表5　　直流电源类设备运维技术监督的重点项目和内容

序号	技术监督内容	技术监督要求	备注
1	设备运行方式	1. 蓄电池组正常应以浮充电方式运行； 2. 正常运行中直流母线电压应为直流系统标称电压的105%	
2	蓄电池浮充电压	1. 阀控蓄电池单体浮充电压应为2.23～2.28V（25℃）； 2. 防酸蓄电池单体浮充电压应为2.15～2.17V； 3. 运行中蓄电池单体浮充电压偏差值应小于规定值，2V为±0.05V、6V为±0.15V、12V为±0.3V	
4	蓄电池组运行维护定期检查	1. 蓄电池室环境温度是否满足要求，通风散热是否良好； 2. 测量蓄电池的单体电压值，检测蓄电池组壳体有无渗漏和变形，温度是否异常等； 3. 应检查连接片有无松动和腐蚀现象，极柱与安全阀周围是否有酸雾溢出，绝缘是否正常； 4. 蓄电池的浮充电压随电池温度变化而修正，其基准温度为25℃，当温度每升高1℃、单体电压2V的电池应降低3mV，反之应提高3mV	
5	蓄电池组均衡充电	1. 浮充蓄电池组运行在6个月以上，同时出现电压偏差值超标的电池数量达到整组数量的5%～10%时； 2. 经常充电不足或很少进行全容量核对性放电的蓄电池组	
6	落后电池活化	当出现电压偏差值超标的电池数量小于整组数量的5%时，应对落后蓄电池进行单个活化处理	
7	蓄电池容量测试	1. 阀控式蓄电池组在验收投运以后每两年应进行一次核对性放电，运行了4年以后应每年进行一次核对性放电； 2. 防酸蓄电池组在新安装或检修中更换电解液的运行第一年，宜每6个月进行一次核对性放电；运行一年后的1～2年应进行一次核对性放电； 3. 蓄电池组若经过3次放充电循环应达到蓄电池额定容量的80%以上，否则应安排更换	
15	蓄电池组更换	蓄电池组整组更换施工中安全要求、施工步骤、工艺质量控制等事项应严格按照公司《直流电源系统检修规范》执行	

2. 例行巡视

变电站设备缺陷时有发生，需要按照变电站的重要程度合理安排巡视周期，保证及时发现设备缺陷，保障设备安全运行。直流设备状况及相关缺陷隐患未及时、准确掌握，极易引发直流故障发生，因此按照例行巡视周期对设备巡视。开展本条目监督时，可采用查阅例行巡视计划及例行巡视记录表。当发现本条目不满足时，应按照规定例行巡视周期计划要求按时对设备进行巡视。

《电力系统用蓄电池直流电源装置运行与维护技术规程》(DL/T 724—2021)中规定:

6.4.1 巡视检查

投入运行和处于备用状态的蓄电池直流电源装置必须定期进行巡视检查。巡视周期符合运行单位管理规定。

6.4.2 巡视检查项目

d)蓄电池组及蓄电池的电压值;

e)蓄电池及室(柜)的温度实测值;

j)蓄电池是否有温度异常、渗液和变形现象;

k)蓄电池极柱与安全阀周围无酸雾溢出(结霜现象);

l)蓄电池室排气通风和空气温度调节装置工作状态是否正常(每月1次);

m)蓄电池室门窗关闭是否严密,房屋无渗、漏水现象。

注:测量电压的仪器精度不得低于0.2级。

3. 特殊巡视

变电站设备缺陷时有发生,需要按照变电站的重要程度合理安排巡视周期,对直流设备开展专业巡视,保证及时发现设备缺陷,保障设备安全运行。直流设备状况及相关缺陷隐患未及时、准确掌握,极易引发直流故障发生,因此按照专业巡视周期对设备巡视。

开展本条目监督时,可查阅例行巡视计划及例行巡视记录表。当发现本条目不满足时,应根据导线受损情况对照处理标准向相关部门提出处理要求,达到标准要求后方可确认线路具备送电条件,应及时提出对重冰区合理设置人工固定观测哨、流动哨等,安装覆冰在线监测系统,全面掌握线路覆冰状况的工作要求。

《电力系统用蓄电池直流电源装置运行与维护技术规程》(DL/T 724—2021)中规定:

6.4.3 特殊巡查检查

特殊巡视检查要求:

a)新投运的设备应增加巡视检查次数。投运72h后转入正常运行的巡视检查;

b)在高温季节、高峰负荷期间和断路器电磁机构动作频繁时应加强巡视检查;

c)在雷雨季节有雷电发生后,应进行巡视检查;

d)交流中断由蓄电池组供直流负载和特殊用电期间,应进行巡视检查。

6.4.4 特殊巡视检查项目

特殊巡视检查项目有:

c)蓄电池组及蓄电池的电压、温度及外观;

g）回路载流导体和连接部件（蓄电池极柱）是否有松动、发热和腐蚀现象；

i）蓄电池室门窗关闭是否严密，房屋无渗、漏水现象。

4. 故障/缺陷管理

故障/缺陷管理是运维检修阶段重要的监督项目。蓄电池不同故障产生的特征不同，要严格按照检修规范规定的原因、处理方法及要求进行处理。

开展本条目监督时，可查阅蓄电池、充电装置等设备消缺及处理试验记录。当发现本条目不满足时，应根据严格按照检修规范的规定对蓄电池、充电装置等设备故障进行处理。

《电力系统用蓄电池直流电源装置运行与维护技术规程》（DL/T 724—2021）中规定：

7.2.5　阀控蓄电池的常见故障及处理

阀控蓄电池异常现象的可能原因及处理方法参见附录C。

7.5　故障处理原则

7.5.5　蓄电池组中个别电池失效，应单独使用蓄电池单体活化仪进行活化治疗。若无法恢复，剔除该电池后蓄电池组仍能满足事故供电，则根据6.2中对应的蓄电池类型，重置充电装置的运行参数，按相关规定要求投运，否则应考虑整组更换。不应置换成不同型号规格的蓄电池接入，或新旧蓄电池混用。使用的蓄电池单体活化仪应符合《电力直流电源系统用测试设备通用技术条件　第7部分：蓄电池单体活化仪》（DL/T 1397.7—2014）中第5章和第6章的要求。

7.5.6　剔除个别失效蓄电池及调整蓄电池组中单块蓄电池位置时，可采用蓄电池带电更换安保装置（俗称换电宝）进行带电更换，安保装置的要求和更换方法参见附录F。

7.5.7　通过测定并剔除失效电池后，可运行蓄电池少于表7所对应的块数时，为保障系统安全应考虑整组更换。

表7　　阀控蓄电池组运行保护数量

蓄电池标称电压/V	蓄电池组最少数量/只	
	直流标称电压为220V的直流系统	直流标称电压为110V的直流系统
2	104	52
6	35	18
12	18	9

5. 日常维护

蓄电池组的运行维护具有重要作用，运行中的蓄电池电压存在着差异且在运行中可能存在爬岩和链接片腐蚀等问题，长期运行会直接影响蓄电池使用寿命。按时对蓄电进行维护，及时发现故障蓄电池并进行处理，可保证蓄电池良好运行，为直流电源可靠运行提供有力保障。

开展本条目监督时，严格按照标准进行。

《电力系统用蓄电池直流电源装置运行与维护技术规程》(DL/T 724—2021) 中规定：

7.2 蓄电池组的维护

7.2.1 安全技术措施

蓄电池组维护的安全技术措施：

a) 安装和搬运蓄电池时应戴绝缘手套，装卸导电连接片时应使用绝缘工具，防止电池电击危险。

b) 因蓄电池损坏致使电解液接触到皮肤或衣服，应立即用水清洗；溅入眼中，应立即用大量清水冲洗并去医院治疗。

c) 进入蓄电池室前应首先进行排气通风。胶体式阀控铅酸蓄电池使用初期有氢氧气体逸出时，应进行排气通风。

d) 蓄电池室起火应使用七氟丙烷、四氯化碳或干沙等灭火，并注意防止蓄电池发生爆炸。

e) 维护测量蓄电池时，操作者面部不应正对蓄电池顶部，应保持一定角度或距离。

f) 不应对蓄电池进行过充或过放。长期处于过充状态会使板栅腐蚀加速，活性物质松动，蓄电池容量失效。放电末期要加强对蓄电池端电压的监视，任一块达到放电终止电压值，应终止放电随即进行补充充电。

g) 两组蓄电池不应采用并联运行的方式。若必须采取短时并联运行方式时，则应调整其浮充电电压值一致或在蓄电池组出口串接入二极管，利用二极管的特性以减少并联过程中产生的环流。

7.2.2 蓄电池组的一般维护

蓄电池组一般维护的要求：

a) 检查和调整浮充电电压；

b) 在满足安全的条件下进行清扫，清扫周期由各运行单位在现场（运行）规程中明确；

c) 采用蓄电池短时（5min～10min）带经常性负荷放电，实测蓄电池单体电压值，每年不少于2次；

d) 由专业维护人员进行清除极柱爬盐和连接片腐蚀，并涂抹少量凡士林。

7.2.3 运行中的均衡充电

蓄电池组运行中的均衡充电要求：

a) 每隔3个月～6个月应对蓄电池组进行补偿性或维护性充电。无微机监控装置自动均衡充电的，应手动进行一次均衡充电。

b）蓄电池组放出20%以上额定容量时，应自动（手动）进行均衡充电。

c）交流电源中断时间超过10min，交流恢复供电时，应自动（手动）进行均衡充电。

d）处于备用状态蓄电池（组）应每隔3个月进行一次补偿性的均衡充电。

7.2.4　阀控蓄电池的运行维护

阀控蓄电池运行维护要求：

a）阀控蓄电池在运行中电压偏差值及放电终止电压值应符合表3和表4的规定。

b）在巡视中应检查蓄电池的单体电压值，连接片有无松动和腐蚀现象，壳体有无渗漏和变形，极柱与安全阀周围是否有酸雾溢出，蓄电池温度是否过高等。

c）阀控蓄电池组的环境温度发生较大变化时，宜按6.3.3.3条进行浮充电电压值的调整。

d）根据现场实际情况，应定期对阀控蓄电池组作外壳清洁工作。

6. 检修试验

（1）蓄电池核对性充放电试验。蓄电池核对性充放电试验使得蓄电池容量发生变化，由于变电站蓄电池配置不同，所以需选择不同的形式核对性充放电试验，以保证直流系统发生突发故障时，蓄电池能够及时投入运行，提供可靠的直流电源，不至于造成全站直流电源消失的情况。

开展本条目监督时，可查阅蓄电池核对性放电试验报告，检查放电试验方法是否符合要求。当发现本条目不满足时，应及时提出试验要求，按照要求进行试验，试验结果不合格，建议进行更换。

《电力系统用蓄电池直流电源装置运行与维护技术规程》（DL/T 724—2021）中规定：

7.4.1　阀控蓄电池的核对性放电

7.4.1.1　一般要求

长期浮充电运行方式下，尚无有效的方法判断阀控蓄电池的现有容量，内部是否失水或干裂。只有按照5.3.1中蓄电池组的容量测量方法进行核对性放电，才能正确评估蓄电池实际容量，并可能发现蓄电池存在的问题。

阀控蓄电池组容量测试的环境温度不在25℃时，应按5.3.1.2进行容量的温度修正。

7.4.1.2　核对性放电程序

7.4.1.2.1　一组阀控蓄电池

发电厂或变电站中只有一组电池，由于不能退出运行作全容量核对性放电，则可用7.4.2.2.1所列方法放出部分容量进行评估。放电后应立即用 I_{10} 电流进行恒流限压充电—恒压充电一浮充电，必要时可反复放充2次～3次或对落后蓄电池单独进行活化治疗，进行蓄电池组容量恢复。若有直流电源应急系统作为临时代用，该组阀控蓄电池作全容量核对性放电。若经过3次全容量核对性放电蓄电池组容量均达不到额定容量的80%以上，可认为此组阀控蓄电池使用年限已到，应采取保安措施并及时更换。

在周期性维护容量核对性放电中，当能确定温度修正后的蓄电池放出容量已达到其额定容量的80%以上时，可在蓄电池达到终止电压前停止放电。

7.4.1.2.2 两组阀控蓄电池

发电厂或变电站中若具有两组阀控蓄电池，可先对其中一组蓄电池按照5.3.1的容量测量方法进行全容量核对性放电，完成后再对另一组进行全容量核对性放电。当蓄电池组中任一块蓄电池端电压下降到放电终止电压值时应立即停止放电，隔1h～2h后，再用I_{10}电流进行恒流限压充电—恒压充电—浮充电。必要时可反复2次～3次，蓄电池存在的问题也能查出，容量也能得到恢复。若经过3次全容量核对性放充电蓄电池组容量均达不到额定容量的80%以上，可认为此组阀控蓄电池使用年限已到，应安排更换。

7.4.1.4 其他方法

7.4.1.4.1 “50%放电”方法

阀控蓄电池“50%放电”的容量核对性放电试验，是在有放电保安措施的状态下进行，在放电前进行内阻测试，无异常后方可进行。放电保安装置的单向逆止作用，使充电装置不再向蓄电池组充电，只向经常性负荷提供电源，蓄电池组处于热备用状态。此时，利用蓄电池容量放电测试仪或外加人工负载对电池组进行在线“50%放电”容量测试，在保证运行安全条件下，完成在线放电测试。蓄电池组以I_{10}电流值预定恒流放电5h，“50%放电”的终止电压设置为1.95V。当放电到5h未达到1.95V放电终止电压的蓄电池组，认为其容量不低于80%C_{10}，恢复充电后继续运行。当放电5h内任一块蓄电池达到1.95V的终止电压，应立即停止核对性放电试验，恢复充电后采取措施，对该组蓄电池进行全容量核对性放电试验，最终确定蓄电池组是否低于80%C_{10}的容量。

7.4.1.4.2 短时放电方法

调整充电装置的浮充电电压略低于2.0V×n，接入蓄电池容量放电测试仪或人工负载调整其恒流放电为（$I_{10}-I_j$）电流值，即放电电流（I_{10}）为经常性负荷电流（I_j）和测试放电电流之和，一般放电仪测量应取蓄电池出口电流而自动进行调整。恒流放电20min后测量蓄电池单体电压，然后断开人工负载，将充电装置输出恢复至调整前的浮充电电压值，确认系统运行正常。对蓄电池组中单体电压异常的蓄电池进行比较分析，必要时应进行单体活化并确定其容量是否满足运行要求。

（2）阀控密封蓄电池组核对性放电试验。阀控密封蓄电池组核对性放电试验是针对近年来蓄电池的运行寿命缩短所采取的应对措施，以保障蓄电池组满容量可靠运行。蓄阀控密封蓄电池组核对性放电可使蓄电池得到活化，容量得到恢复，使用寿命延长，确保变电站安全运行。

开展本条目监督时，可查阅蓄电池核对性放电试验工作计划，检查蓄电池是否按要求的试验周期开展。当发现本条目不满足时，应及时提出试验要求，试验数据不合格，建议进行更换。

《电力系统用蓄电池直流电源装置运行与维护技术规程》（DL/T 724—2021）中规定：

7.4.1.3　阀控蓄电池核对性放电周期

新安装或大修后的阀控蓄电池组，应进行全容量核对性放电试验，以后每2年至少进行一次核对性试验，运行了4年以后的阀控蓄电池，应每年作一次容量核对性放电试验。

十、退役报废阶段

1. 蓄电池报废鉴定审批手续

为避免国有资产流失，并提高设备使用价值，需要规范直流电源设备报废鉴定审批手续。

开展本条目监督时，可查阅资料，包括项目可研报告、项目建议书、直流电源设备鉴定意见等。当发现本条目不满足时，应及时提出规范直流电源设备报废鉴定审批手续应规范的工作要求。

《国家电网有限公司电网实物资产管理规定》（国家电网企管〔2019〕429号）中规定：

第二十四条　各单位及所属单位在项目可研阶段对拟拆除资产进行评估论证，在项目可行性研究报告或项目建议书中提出拟拆除资产作为备品备件、再利用或报废等处置建议。

第二十五条　公司总部有关部门、各单位及所属单位根据项目可研审批权限，在项目可研评审时同步审查拟拆除资产处置建议。

第二十六条　在项目实施过程中，项目管理部门应按照批复的拟拆除资产处置意见，组织实施相关资产拆除工作。资产拆除后由实物资产管理部门组织开展技术鉴定，确定其留作备品、再利用或报废的处置意见。履行鉴定手续后的保管资产和完成报废手续的报废物资，由物资管理单位负责后续保管和处置。

2. 蓄电池报废信息

蓄电池报废退役后，设备台账信息应及时进行变更，以免造成资产管理系统数据不完善，不能保证资产装卡物保持一致。蓄电池报废信息及时更新，可确保设备信息准确性，确保资产管理各专业系统数据完备准确，保证资产账卡物动态一致，有利于财务部门完成资产卡片建立及价值管理。

开展本条目监督时，可查阅资料或现场抽查1组退役蓄电池，资料包括蓄电池资产管理相关台账和信息系统。当发现本条目不满足时，应及时进行蓄电池报废信息更新。

《国家电网有限公司电网实物资产管理规定》（国家电网企管〔2019〕429号）中规定：

第三十四条 资产新增、退役、调拨、报废等变动时应同步更新PMS、TMS、OMS等相关业务管理系统、ERP系统信息，确保资产管理各专业系统数据完备准确，保证资产账卡物动态一致。

（一）实物资产新增。实物资产运维单位（部门）依据项目管理单位提供的信息，在相关业务管理系统中建立设备账，通过接口在ERP系统中同步建立设备台账，财务部门完成资产卡片建立及价值管理。工程投运前应建立（更新）设备台账关键信息。

（二）实物资产退役报废。实物资产退役后，由资产运维单位（部门）及时进行设备台账信息变更，并通过系统集成同步更新资产状态信息。

（三）实物资产调拨。资产调出、调入单位在ERP系统履行资产调拨程序，做好业务管理系统中设备信息变更维护工作。产权所属发生变化时，调出、调入单位应同时做好相关设备台账及历史信息移交，保证设备信息完整。

3. 蓄电池报废处理

蓄电池没有按照蓄电池报废处理要求进行报废，或随意对设备采取报废处理，会造成国有资产浪费，需要严格按照蓄电池报废处理，提高蓄电池的利用率，减少国有资产浪费。

开展本条目监督时，可查阅设备运行年限、检修记录改造记录等资料。当发现本条目不满足时，应及时提出蓄电池报废处理的工作要求。

《直流电源系统技术监督导则》（Q/GDW11078—2013）中规定：

5.10.2.2 蓄电池组报废标准

1）蓄电池组在3次充放电循环内，容量达不到额定容量的80%；

2）蓄电池漏液、极板弯曲、龟裂、变形等异常蓄电池数量达到整组数量的20%及以上；

3）运行4年及以上的阀控蓄电池组，核对性放电一次后，在浮充电状态下（25℃），单体电压偏差值超过表6规定的蓄电池数量达到整组数量的10%及以上。

表6 阀控蓄电池在运行中电压允许偏差值

阀控蓄电池	标称电压/V		
	2	6	12
浮充电压	2.25	6.75	13.5
电压偏差值	±0.05	±0.15	±0.3
电压范围	2.2～2.3	6.6～6.9	13.2～13.8

第三章

蓄电池安装运行前主要监督

蓄电池安装运行前主要的监督有规划可研、工程设计、设备采购、设备制造、设备验收5个环节。其中最重要的环节为设备验收，蓄电池入网检测与验收需要进行试验，通过设备验收可直接发现入网的蓄电池产品问题，有效保障入网安装蓄电池的可靠性。所以本章主要介绍设备验收环节的监督。

蓄电池验收试验对实验环境、工器具及判定方法都有一定的要求，涉及标准如下：

《电工电子产品着火危险试验　第16部分 试验火焰50W水平与垂直火焰试验方法》(GB/T 5169.16—2017)

《固定型阀控式铅酸蓄电池　第1部分：技术条件》(GB/T 19638.1—2014)

《铅酸蓄电池槽、盖》(GB/T 23754—2019)

《铅酸蓄电池隔板》(GB/T 28535—2018)

《民用铅酸蓄电池安全技术规范》(GB/T 32504—2016)

《废铅酸蓄电池回收技术规范》(GB/T 37281—2019)

《铅酸蓄电池用辅料技术规范》(GB/T 38279—2019)

《电力系统用蓄电池直流电源装置运行与维护技术规程》(DL/T 724—2021)

《电力直流电源系统用测试设备通用技术条件　第1部分：蓄电池电压巡检仪》(DL/T 1397.1—2014)

《电力直流电源系统用测试设备通用技术条件　第2部分：蓄电池容量放电测试仪》(DL/T 1397.2—2014)

《电力直流电源系统用测试设备通用技术条件　第5部分：蓄电池内阻测试仪》(DL/T 1397.5—2014)

《电力直流电源系统用测试设备通用技术条件　第7部分：蓄电池单体活化仪》(DL/T 1397.7—2014)

《电力用阀控式铅酸蓄电池组在线监测系统技术条件》(DL/T 2226—2021)

《阀控式铅酸蓄电池安全阀 第1部分：安全阀》(JB/T 11340.1—2012)

《阀控式铅酸蓄电池安全阀 第2部分：塑料壳体》(JB/T 11340.2—2012)

《阀控式铅酸蓄电池安全阀 第3部分：橡胶帽、阀芯》(JB/T 11340.3—2012)

《阀控式铅酸蓄电池安全阀 第4部分：橡胶垫、圈》(JB/T 11340.4—2012)

《阀控式铅酸蓄电池安全阀 第5部分：微孔滤酸片》(JB/T 11340.5—2012)

《铅酸蓄电池名称、型号编制与命名办法》(JB/T 2599—2012)

《电力系统用固定型铅酸蓄电池安全运行使用技术规范》(NB/T 42083—2016)

第一节 设备验收方案

对新建及改扩建变电工程的固定型阀控式铅酸蓄电池进行入网检测与验收，抽取样品开展性能一致性试验及高倍率充放电循环寿命耐久性试验，并进行单块蓄电池拆解检查试验。部分试验和检查在现行标准中未做明确规定的，通过试点试验积累数据。

在进行性能一致性试验之前，先对蓄电池壳体、端子、安全阀、极板、隔板、极柱、极群是否完好进行检查。

一、性能一致性试验

新建及改扩建变电工程，蓄电池到货后取样送检，每个供应商、每个批次、每种型号蓄电池随机抽取6块（同组）。如遇集中投产，实验室检测能力无法满足投产需求时，由施工单位在工程现场按照下述要求开展重量一致性、开路端电压一致性、内阻一致性、容量一致性等试验，并提供试验报告。下述系列试验为无损试验，试验合格样品仍可用于工程。

1. 重量一致性

使用精度不低于±1%的磅秤称量并记录每块蓄电池的重量，记录表格见表3-1。单块蓄电池的重量应符合《固定型阀控式铅酸蓄电池 第1部分：技术条件》(GB/T 19638.1—2014)中的规定，见表3-2。重量一致性依据《电力用固定型阀控式铅酸蓄电池》(DL/T 637—2019)中7.1.4的规定，单块蓄电池重量应不超出6块蓄电池重量平均值的±5%，否则判定为不合格，判定表格见表3-3。

2. 开路端电压一致性

试验前，将蓄电池完全充电。在25℃±1℃的环境中，以每单体2.40V±0.01V（电流I_{10}）的恒定电压充电至电流数值小于0.005C_{10}（A），认为蓄电池已完全充电。

按照《电力用固定型阀控式铅酸蓄电池》(DL/T 637—2019)中8.22.1规定的测试程序测试。测定程序为：蓄电池完全充电后，在温度范围为+15℃～+30℃的专用蓄电池室内静置24～36h。待蓄电池组表面温度与环境温度基本一致，蓄电池的开路端电压基本不变时，分别测记每块蓄电池的开路端电压，记录表格见表3-4，蓄电池开路端电压最高值和最低值的差值应不大于0.03V，否则判定为不合格，判定表格见表3-5。

表3-1　　蓄电池重量一致性测试记录表

重量示数图	1号	2号	3号
	4号	5号	6号
结论			

表3-2　　蓄电池重量上限值、下限值

额定容量 Ah	12V		6V		2V		额定容量 Ah	2V	
	下限值 kg	上限值 kg	下限值 kg	上限值 kg	下限值 kg	上限值 kg		下限值 kg	上限值 kg
25	8.0	12.0	—	—	—	—	400	22.0	32.0
38	11.5	18.0	—	—	—	—	500	27.0	39.0
50	15.5	24.0	—	—	—	—	600	31.0	47.0
65	20.0	32.0	—	—	—	—	800	41.0	62.0
80	24.0	36.0	—	—	—	—	1000	51.0	76.0
100	29.0	42.0	18.0	23.5	—	—	1500	85.0	112.0
200	60.0	80.0	30.0	45.0	11.0	17.5	2000	110.0	150.0
300	—	—	—	—	17.0	24.5	3000	165.0	215.0

注　未标出质量上（下）限值的蓄电池采用插入法：取容量相邻的蓄电池质量上（下）限值之和的二分之一。

表3-3　　蓄电池重量一致性结论表

电池编号	1号	2号	3号	4号	5号	6号	平均值
电池重量/kg							
重量一致性结论							

表 3-4　　蓄电池开路端电压一致性测试表

	1号	2号	3号
电压示数图			
	4号	5号	6号

表 3-5　　蓄电池开路端电压一致性结论表

电池编号	1号	2号	3号	4号	5号	6号	最大差值
开路电压/V							
开路电压一致性							

3. 内阻一致性

6块蓄电池完全充电后，在25℃±1℃环境中静置1～24h，待蓄电池表面温度与环境温度基本一致时，分别测记6块蓄电池的内阻，记录表格见表3-6。内阻一致性依据《电力用固定型阀控式铅酸蓄电池》(DL/T 637—2019) 7.4.2.1的规定，见表3-7，单块蓄电池内阻与6块蓄电池内阻平均值的偏差应不超过±10%，否则判定为不合格，判定表格见表3-8。

4. 容量一致性

按照《电力用固定型阀控式铅酸蓄电池》(DL/T 637—2019) 中8.17规定的测试程序，对蓄电池进行10h率容量性能试验。电池核容试验充、放电参数见表3-9。

在进行核容试验时，对电池的状态进行拍照并记录，包括正面图和接线图，接线图中应包含电池、连接线及充放电仪，最后放置6块电池在6个通道或6个充放电仪进行拍照，记录表格见表3-10。

测试程序如下：蓄电池组完全充电后，将充电时间数据记录在表3-11中，充电电流电压变化曲线记录在表3-12中。在温度范围为+15℃～+30℃的专用蓄电池室内静置1～24h。

表 3-6　　蓄电池内阻一致性测试表

	1号	2号	3号
内阻示数图			
	4号	5号	6号
结论			

表 3-7　　阀控式铅酸蓄电池内阻上限

额定容量 Ah	标称电压 V	内阻上限 mΩ
100	12	8.0
200	2	1.0
300	2	0.8
500	2	0.6

注　表中未列规格 AGM 蓄电池的内阻上限宜由用户与制造商协商确定。

表 3-8　　内 阻 一 致 性 结 论 表

电池编号	1号	2号	3号	4号	5号	6号	平均值
内阻/mΩ							
内阻一致性							

表 3-9　　电池核容试验充、放电参数

温度/℃	电池编号	充电电流/A	充电截止电压/V	充电时间设置/h	放电电流/A	放电截止电压/V	放电时间设置/h
25	1号	I_{10}	2.4	11	I_{10}	1.8	11

表 3-10　　　　蓄电池核容试验状态表

	1号	2号	3号
正面图			
	4号	5号	6号
串联放电接线图			

待蓄电池组表面温度与环境温度基本一致时，以放电电流 1.0I_{10} 持续放电。测记放电开始前的蓄电池组开路电压、放电开始时的蓄电池组端电压和表面温度。在放电期间，测记蓄电池组的端电压，端电压的测记间隔不应低于 60min。在放电期间，放电电流的波动不得超过规定放电电流值的±1%。放电末期要随时测记每块蓄电池的端电压，以便确定蓄电池放电到终止电压的准确时间。放电至蓄电池组中有一块蓄电池的端电压降至 1.80V（标称电压为 2V 时）或 10.8V（标称电压 12V）时，放电终止，记录放电持续时间 t，放电数据记录在表 3-13 中，放电电流电压变化曲线记录在表 3-14 中。用放电电流值乘以放电持续时间 t（h）计算实测容量 C（A·h）。当放电开始时的蓄电池组表面温度不是基准 25℃时，应按式换算成基准温度 25℃时的实际容量 C_a。6 块蓄电池中容量最大值与最小值的差值和平均值的比值应不超过 5%，若超过 5%，不判定不合格，但应保留数据并在月报中提报，判断表格见表 3-15。

表 3-11　　1～6 号电池充电时间数据

编号	1号	2号	3号	4号	5号	6号	备注
充电电流/A	I_{10}	I_{10}	I_{10}	I_{10}	I_{10}	I_{10}	限流
充电电压/V	2.4	2.4	2.4	2.4	2.4	2.4	恒压
充电时间设置/h	20	20	20	20	20	20	/
充电开始时间							时间
充电结束时间							时间
静止时间	5h	5h	5h	5h	5h	5h	时间

表 3-12　　1～6 号电池充电电流电压变化曲线

1号	2号
3号	4号
5号	6号

表 3-13　　1～6 号电池放电数据

编号	1号	2号	3号	4号	5号	6号	备注
放电电流/A	I_{10}	I_{10}	I_{10}	I_{10}	I_{10}	I_{10}	/
放电开始时间							时间
放电结束时间							时间
放电结束时端电压/V							/
放电时间/h							/
放电容量/A·h							/

表 3-14 1～6 号电池放电电流电压变化曲线

<table>
<tr><td rowspan="6">放电电压电流变化曲线</td><td>1号</td><td>2号</td></tr>
<tr><td></td><td></td></tr>
<tr><td>3号</td><td>4号</td></tr>
<tr><td></td><td></td></tr>
<tr><td>5号</td><td>6号</td></tr>
<tr><td></td><td></td></tr>
<tr><td>串联放电曲线</td><td colspan="2"></td></tr>
<tr><td>结论</td><td colspan="2"></td></tr>
</table>

表 3-15 容量一致性结论表

电池编号	1号	2号	3号	4号	5号	6号	平均值
容量/A·h							
容量一致性							

二、高倍率充放电循环寿命耐久性试验

试验所需的仪器为：蓄电池内阻测试仪多功能电池测试系统、多功能电池测试系统以及高低温试验箱。抽取参与蓄电池性能一致性试验中最先降至截止电压 1.8V 的 1 块蓄电池开

展高倍率充放电循环寿命耐久性试验。该试验为破坏性试验，用于试验的样品不可再用于工程。高倍率充放电循环寿命耐久性试验参数见表 3-16。

表 3-16　　高倍率充放电循环寿命耐久性试验参数

额定容量/A·h	放电电流/A	终止电压 U_b/V	充电电流/A	充电电压/V	循环次数 n
200	60	1.75	50	2.40	15
300	90	1.75	75	2.40	15
400	100	1.75	100	2.40	15
500	100	1.75	100	2.40	15
600	120	1.75	120	2.40	15
800	160	1.75	160	2.40	15
1000	200	1.75	200	2.40	15

试验前，将蓄电池完全充电。在 50℃±1℃的环境中，按表 3-16 中规定的放电电流恒定放电，放电至终止电压 U_b（V）时停止放电，计算放电容量 C_{a1}；按照规定的充电电流进行充电，当蓄电池端电压上升至 2.40V 限压值时，自动或手动转为恒压充电，当充电容量等于放电容量 C_{a1} 时停止充电，记录充电时间 t；上述充放电组成一次完整充放电循环试验；按照表 3-16 规定的试验参数重新设置放电电流、放电终止电压 U_b（V）、充电电流、充电电压、循环次数及充电时间 t；试验过程中对蓄电池测温（测量点在端子处）和外观检查，若蓄电池本体最高温度达到 70℃或外形发生明显变化，应立即停止试验，认为蓄电池存在热失控条件。

经过 n 次高倍率充放电循环寿命耐久性试验后，将试验结果记录在表 3-17 中，按容量一致性试验测试程序进行 10 小时率容量性能试验，换算成基准温度（25℃）时的剩余容量。计算蓄电池容量衰减度 K 值（蓄电池剩余容量与初始实际容量的比值）应不小于 0.8。若容量衰减度 K 值小于 0.8，不判定不合格，但应保留数据并在月报中提报。

表 3-17　　试验方式及原始数据

试验方式	电压		电流		温度		湿度		外部有无异常	容量	其他
第一次	充电	放电	充电	放电	充电	放电	充电	放电			
第二次											
第三次											
第…次											
第十五次											
放电核容（n 次后）											

蓄电池测试系统的精度均为满量程的±0.05%。数据采集精度可达小数点后5位，一般取小数点后3位。数据采集频率可按照需求进行设置，60s/次。

三、蓄电池拆解检查试验

蓄电池拆解检查试验为破坏性试验，用于试验的样品不可再用于工程。建议选取参与高倍率充放电循环寿命耐久性试验的1块蓄电池进行拆解检查。穿戴好劳保用品（防酸工装服、劳保鞋、3M口罩、胶皮手套、护目镜等），开启环保抽风设备。

1. 外观检查/开路内阻测量

查看电池批号、型号、试验编号是否完整、清晰，电池壳体是否变形、有无破裂、漏液或鼓壳、接线端子有无腐蚀、安全阀有无漏液等异常现象。

电池在25℃±5℃环境中静置24h以后，测量并记录电池内阻、开路电压及电池重量。

2. 解剖观察

用电锯沿电池槽、盖密封处将蓄电池槽、盖分离；并将电池盖上部多余壳体材料去除，便于插入吊装工装，使用吊装工装将极群从电池槽中拉出，放到塑料托盘上或底部垫好绝缘垫，防止污染和极群损伤。观察极群状况，是否有隔板缺少，汇流排有无断裂；观察汇流排与极板极耳处的连接情况，是否有掉片及虚焊假焊现象；观察极柱与汇流排、极柱与端柱的连接情况，是否有断裂、虚焊假焊现象；观察极群内，是否有异物存在；观察极群侧面，底部是否有无短路连电现象；观察隔板在极群中位置及隔板边缘是否有破损现象；观察电池槽内电解液（将余酸倒入量筒中测量余酸量），确认活性物质沉积状况。

完成上述观察后，用手锯将正、负极板与汇流排连接处分离，分离过程中应注意避免发生短路现象。分离后逐片检查极板、隔板状况：观察正极板四边框是否有断裂现象；观察极板表面状况、活性物质脱落状况、小筋条腐蚀断裂情况及极板有无弯曲等；观察负极板表面状况，是否有硫酸盐化迹象，活性物质是否有收缩变硬，是否有膨胀剂堆积及脱落现象；观察隔板，是否有脱粉、黏连、破损、断裂、掉角、穿孔现象；根据解体现象分析及检测化验设备，确定取样样件并留存；样件需用拉伸膜或其他有一定密封性能包装材料进行包装，防止样件污染或快速氧化。

记录好观察结果，分析出影响电池性能及造成试验终止的原因，提出电池解剖分析意见并编制解剖报告。

3. 理化试验项目

（1）硫酸液的测定。采用滴定法进行测试，对解剖后电池，取出电池中AGM隔板，戴上橡胶手套，用手拧出隔板中电解液在干净的烧杯中，采用滤纸将电解液进行过滤，过滤掉电解液中杂质，准确移取过滤后试样1g（精确至0.0001g），放置于盛有100ml去离子水的250ml锥形瓶中，向锥形瓶中加甲基红—次甲基蓝指示剂2～3滴，用1mol/L氢氧化钠标

准液滴定至溶液由紫红色变为浅绿色为终点。按式（3-1）计算硫酸含量，即

$$H_2SO_4（\%）=\frac{CVM_{SO_4}}{m\times2\times1000}\times100\% \tag{3-1}$$

式中 C——氢氧化钠标准溶液的实际浓度，mol/L；

V——氢氧化钠标准溶液的用量，mL；

m——电解液质量，g；

M_{SO_4}——硫酸的摩尔质量，M_{SO_4}=98.08g/mol。

将计算结果根据四舍五入规则修约成小数点后面2位有效数字输出报告，也可以采用使用密度计或专用仪器测量硫酸电解液密度。

（2）极栅板合金成分的测定。将极板上铅膏去掉，剩余板栅放在铅勺中融化后，浇铸在专用模具中（直径30mm、高20mm）铸成合金样品。将样品放在光谱仪测试台上进行光谱分析测试，测试合金成分及含量。将检测结果根据四舍五入修约成小数点后面4位有效数字输出报告。

（3）极柱与汇流排的连接检查。目测极柱与汇流排是否断裂；拆解后，对蓄电池内部结构进行检查，包括正负极板是否完好，隔板是否短缺，极柱与汇流排连接是否断裂，极群是否有异物等。测量检查蓄电池壳体、端子、安全阀、极板、隔板、极柱、极群，测量汇流排截面积、汇流排与极板间距等；测量蓄电池正、负极板厚度，若正极板厚度低于3.5mm，则判定蓄电池不合格。

（4）水平及垂直燃烧试验。分别取蓄电池槽、盖的材料制成条形试样，长125mm±5mm、宽13.0mm±0.5mm，厚度通常应提供材料的最小和最大的厚度，但不应超过13mm。试样边缘应光滑，同时倒角半径不应超过1.3mm。用《电工电子产品着火危险试验 第16部分：试验火焰50W水平与垂直火焰试验方法》（GB/T 5169.16—2017）中，水平燃烧试验及垂直燃烧试验的方法对蓄电池槽、盖进行材料的阻燃能力试验，并应达到HB级（水平燃烧）和V0级（垂直燃烧）的要求，否则判定蓄电池不合格。燃烧试验的标准操作如下。

1）水平燃烧试验。将两组3个条形试样放在温度为23℃±2℃、相对湿度50%±10%的条件下至少48h。每个试样都在两端25mm±1mm和100mm±1mm标记两条直线。在距25mm标记线最远的一端夹住试样，使试样水平放置。调整燃烧器产生一个50W的标准火焰，将燃烧器管的中心轴线与水平面呈45°±2°，斜向试样的自由端，对试样自由端的最低棱边施加火焰。

2）垂直燃烧试验。分别将两组5个条形试样放在温度为23℃±2℃、相对湿度50%±10%的条件下调节至少48h和两组5个条形试样放在70℃±2℃温度的空气循环烘箱中调节至少168h±2h，然后在干燥箱中冷却至少4h。试样长轴垂直安放，在其上端6mm长度内

夹持，将燃烧器放在远离试样的地方，且使燃烧器管的中心轴线垂直，调整燃烧器产生一个50W的标准试验火焰。面对试样宽面，水平方向接近试样，将试验火焰在中心线上施加至试样底边的中点，为此应使燃烧器的顶端在中点下边10mm±1mm，使燃烧器保持在该距离10s±0.5s，随着试样的位置或长度的改变，在该垂直面内移动燃烧器。

第二节 监督实例

某变电站新建工程，蓄电池入网检测，蓄电池生产厂家为国内某知名电池生产厂商，电池型号为GFM-400（2V、400A·h、C_{10}），随机挑选6块蓄电池进行一致性试验，1块进行大高倍率充放电循环寿命耐久性试验并进行拆解试验。

一、性能一致性试验

测试蓄电池参数见表3-18，外观见表3-19。

表3-18 蓄电池参数

编号	1号～6号
标称容量	400A·h
型号	GFM-400（2V、500Ah）
外观	无变形、漏液等异常现象

表3-19 蓄电池外观

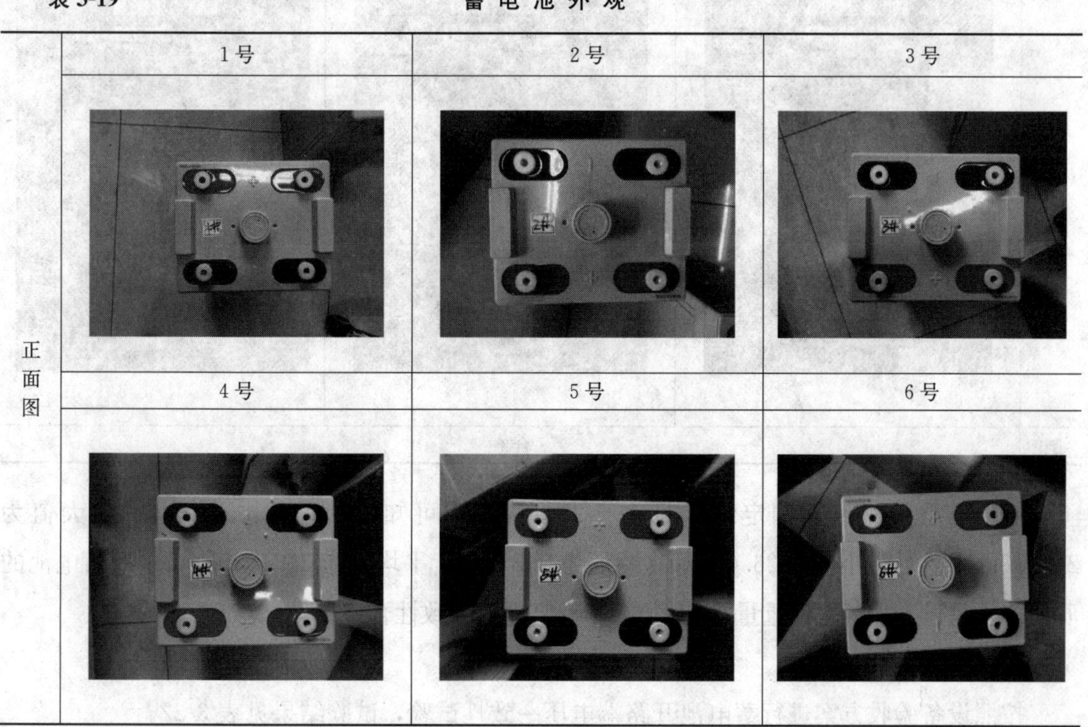

	1号	2号	3号
正面图			
	4号	5号	6号

1. 重量一致性

按照设备验收方法进行蓄电池重量一致性试验，试验结果见表 3-20，每块电池重量均大于 22kg 且小于 32kg，满足要求。

表 3-20　　　　蓄电池重量一致性试验结果

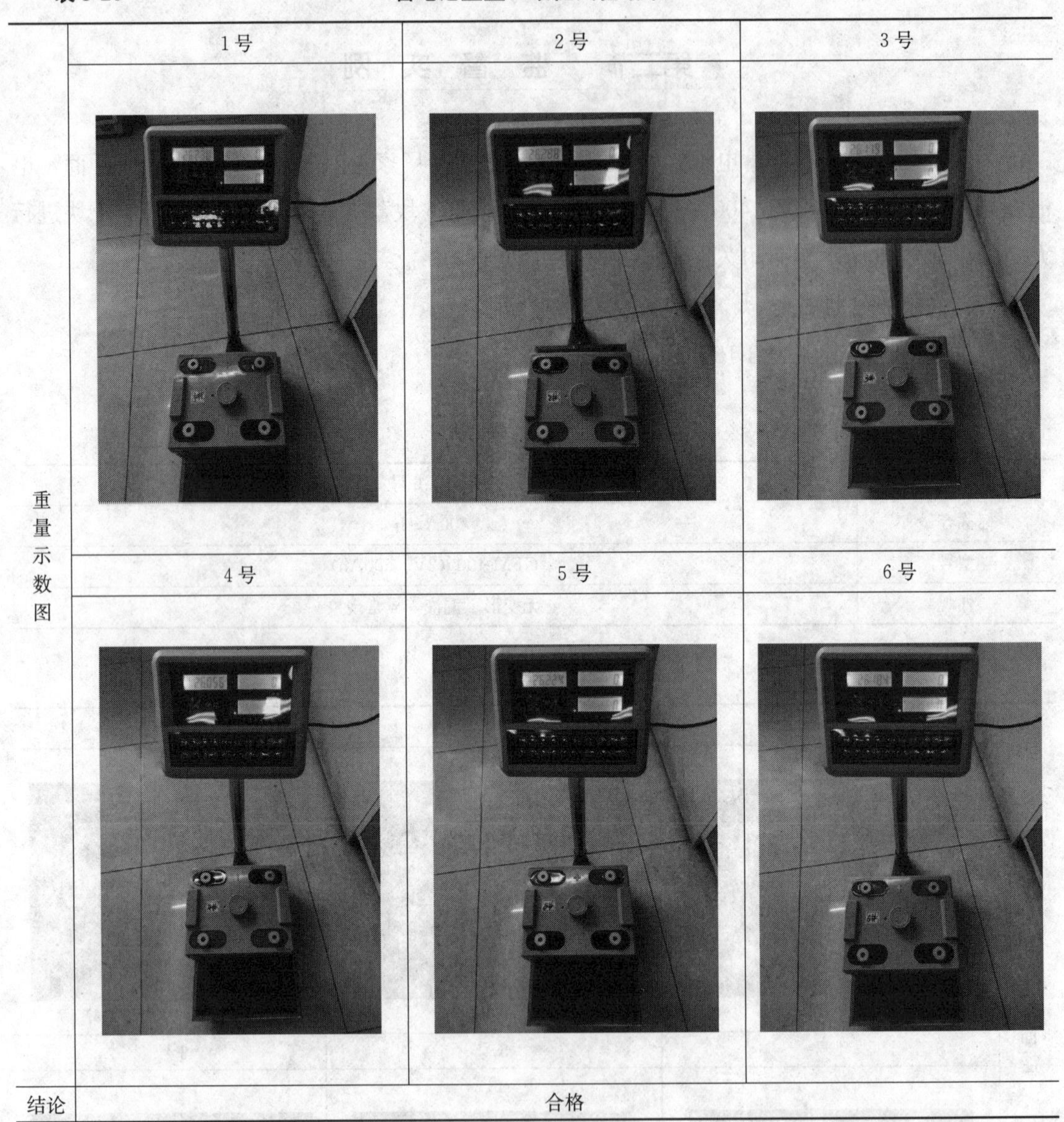

重量示数图	1号	2号	3号
	4号	5号	6号
结论	合格		

蓄电池重量一致性判定结果见表 3-21，从表中可知，6 块蓄电池中重量最大值为 26.288kg，重量最小值为 26.056kg，差值为 0.232kg，平均值为 26.1835kg，单块蓄电池的质量均未超过 6 块蓄电池重量平均值的±5%，重量一致性合格。

2. 开路端电压一致性

按照设备验收方案进行蓄电池开路端电压一致性试验，试验结果见表 3-22。

表 3-21　　　　蓄电池重量一致性判定结果

重量一致性	编号	1号	2号	3号	4号	5号	6号	平均值
	重量/kg	26.230	26.288	26.119	26.056	26.224	26.184	26.1835
差值计算	差值/kg	0.0465	0.1045	−0.0645	−0.1275	0.0405	0.0005	—
	偏差率（%）	0.17	0.39	−0.24	−0.48	0.15	0.001	—
重量一致性结论	单块蓄电池的重量均未超过6块蓄电池重量平均值的±5%，重量一致性合格							

表 3-22　　　　蓄电池开路端电压一致性试验结果

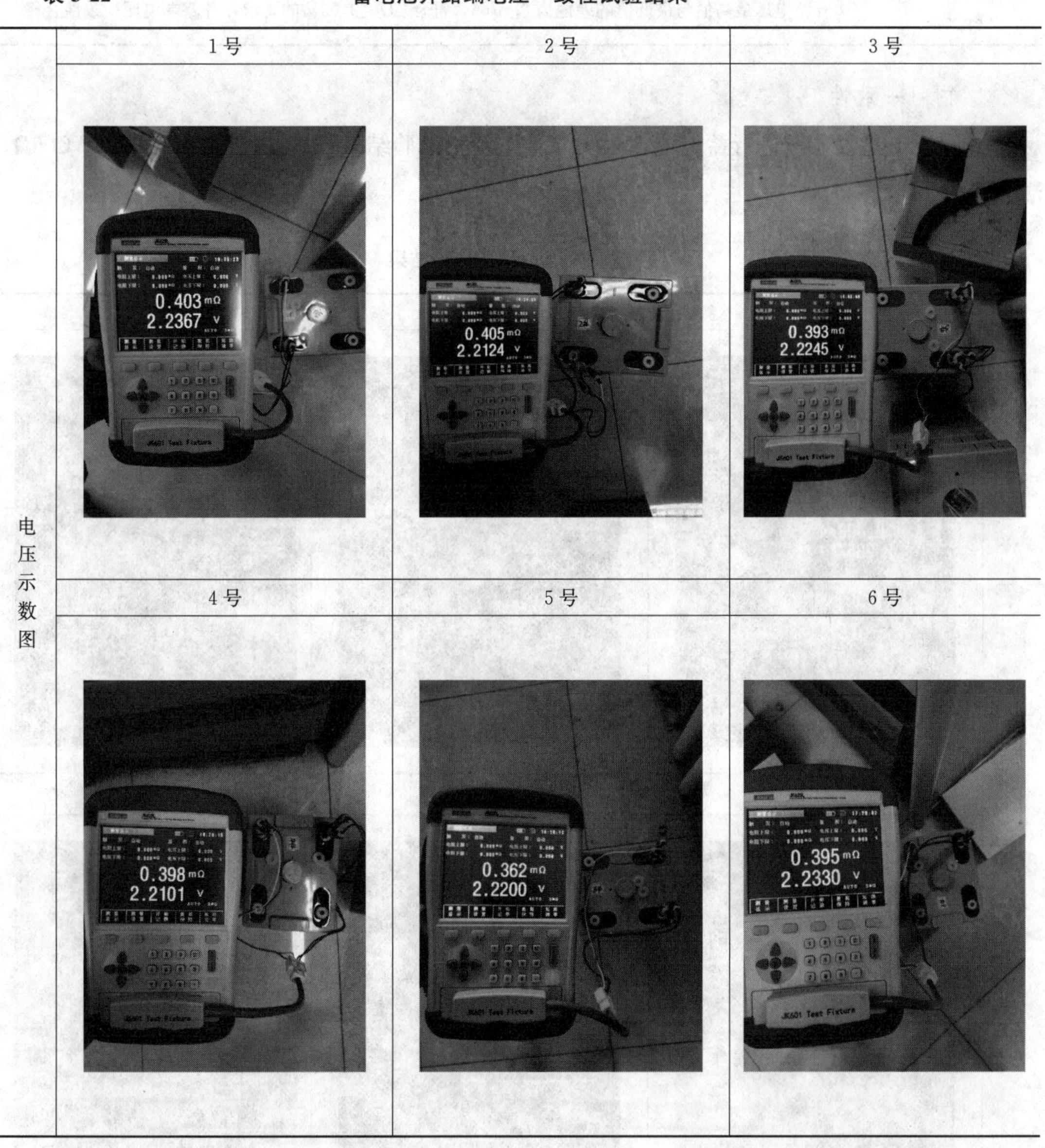

蓄电池开路端电压一致性判定结果见表 3-23，从表中可知，1～6 号蓄电池中开路端电压最大值为 2.2367V，最小值为 2.2101V，差值为 0.0266V，符合 $\Delta U \leqslant 0.03V$ 的要求，开路端电压一致性合格。

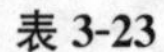

表 3-23　　　　　　　　　蓄电池开路端电压一致性判定结果

编号	1号	2号	3号	4号	5号	6号	备注
充电电压/V	2.4	2.4	2.4	2.4	2.4	2.4	恒压
充电截止电流/A	2	2	2	2	2	2	—
静止时间	24h	24h	24h	24h	24h	24h	—
开路端电压/V	2.2367	2.2124	2.2245	2.2101	2.2200	2.2330	试验环境 25℃
开路端电压一致性结论	开路电压最高值与最低值的差值为 0.0266，符合 $\Delta U \leqslant 0.03$V 的要求，开路端电压一致性合格						

3. 内阻一致性

按照设备验收方案进行蓄电池内阻一致性试验，试验结果见表 3-24，内阻均小于 0.6Ω，满足要求。

表 3-24　　　　　　　　　蓄电池内阻一致性试验结果

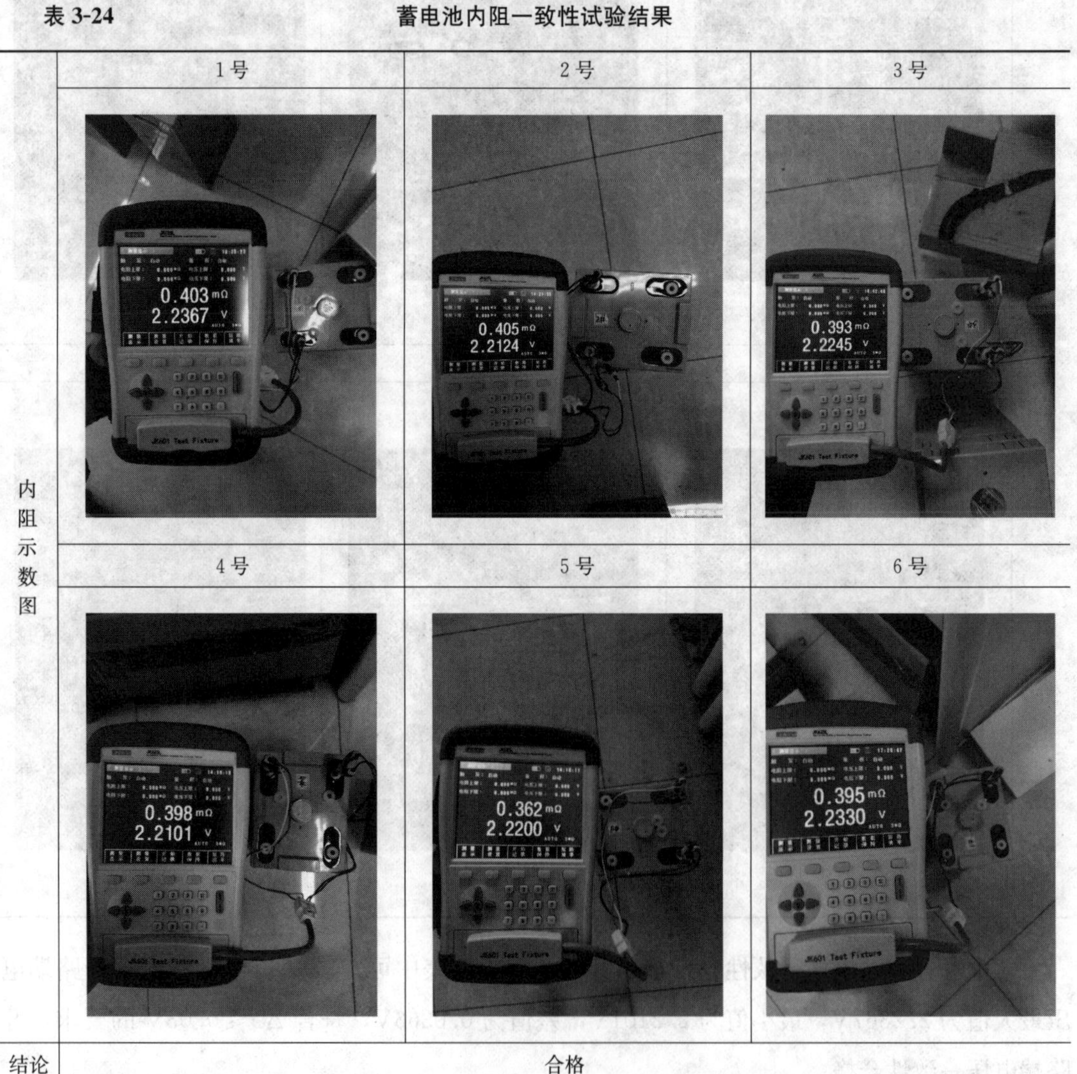

内阻示数图	1号	2号	3号
	4号	5号	6号
结论	合格		

蓄电池内阻一致性判定结果见表 3-25，从表中可知，1～6 号蓄电池中内阻最大值为 0.405Ω，最小值为 0.362Ω，差值为 0.043Ω，单块蓄电池内阻与 6 块蓄电池内阻平均值偏差不超过±10%，内阻一致性合格。

表 3-25　　　　蓄电池内阻一致性判定结果

内阻一致性	编号	1号	2号	3号	4号	5号	6号	平均值
	内阻/mΩ	0.403	0.405	0.393	0.398	0.362	0.395	0.3926
差值计算	差值/mΩ	+0.0104	+0.0124	+0.0004	+0.0054	−0.0306	+0.0024	—
	偏差率（%）	+2.649	+3.158	+0.101	+1.375	−7.794	+0.611	—
内阻一致性结论		单块蓄电池内阻与 6 块蓄电池内阻平均值偏差不超过±10%，内阻一致性合格						

4. 容量一致性

按照设备验收方案进行蓄电池容量一致性试验，试验参数设置及测试状态见表 3-26。

蓄电池完全充电电流电压曲线见表 3-27。

蓄电池完全充电后放电的电流电压曲线见表 3-28。

蓄电池的放电数据记录见表 3-29。

蓄电池的容量一致性判定结果见表 3-30，容量最大值为 505.37373Ah，最小值为 485.57274Ah，差值为 20.87406Ah，平均值为 497.588035Ah，容量最大值与最小值的差值和平均值的比值为 4.19%<5%，蓄电池容量一致性合格。

表 3-26　　　　蓄电池容量一致性试验参数设置及测试状态

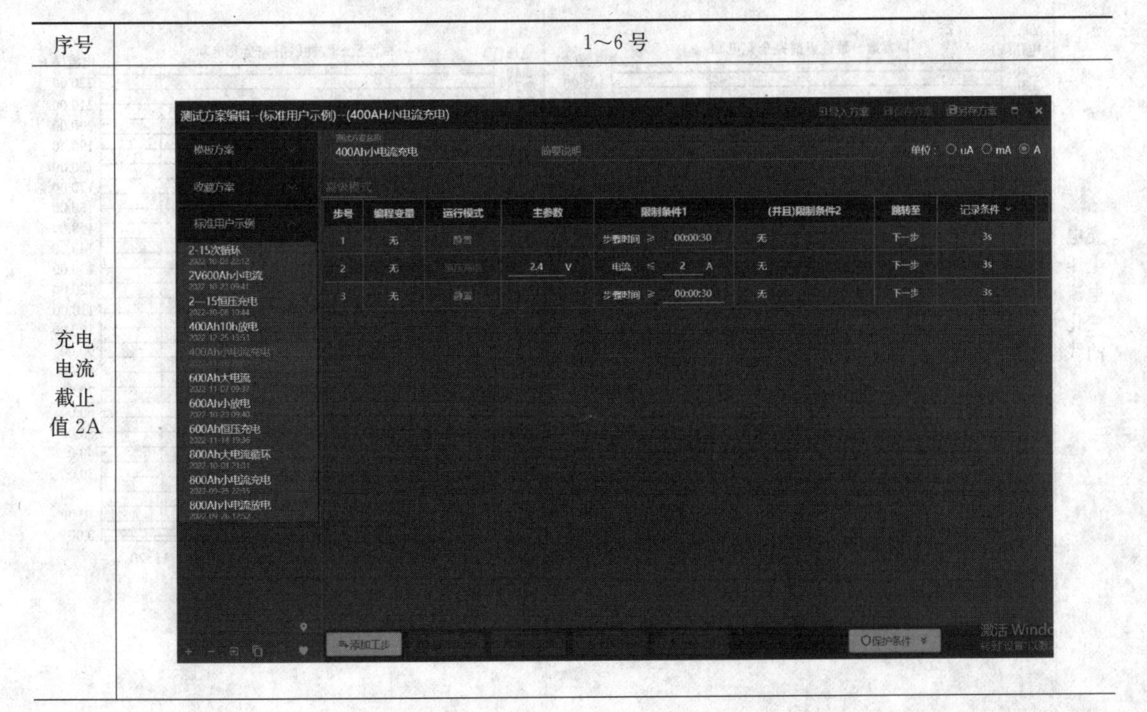

序号	1～6号
充电电流截止值 2A	（测试方案编辑界面截图）

续表

<table>
<tr><th>序号</th><th>1～6 号</th></tr>
<tr><td>放电电压截止值 1.8V</td><td>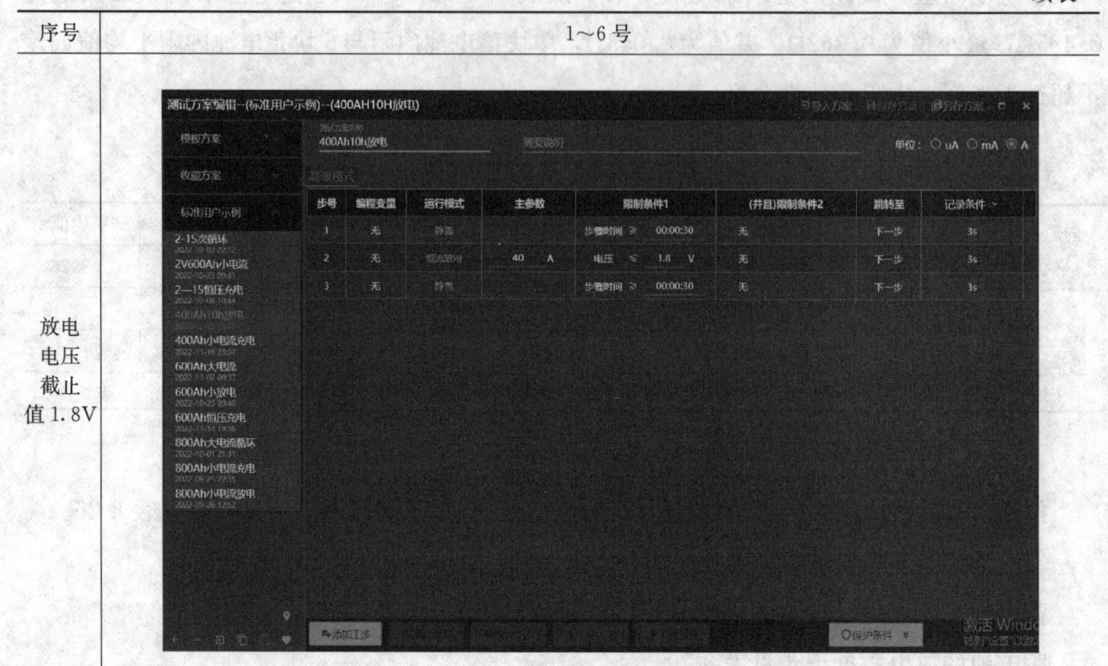
</td></tr>
</table>

表 3-27　蓄电池完全充电电流电压曲线

<table>
<tr><th></th><th>1 号</th><th>2 号</th></tr>
<tr><td>充电电压电流变化曲线</td><td colspan="2">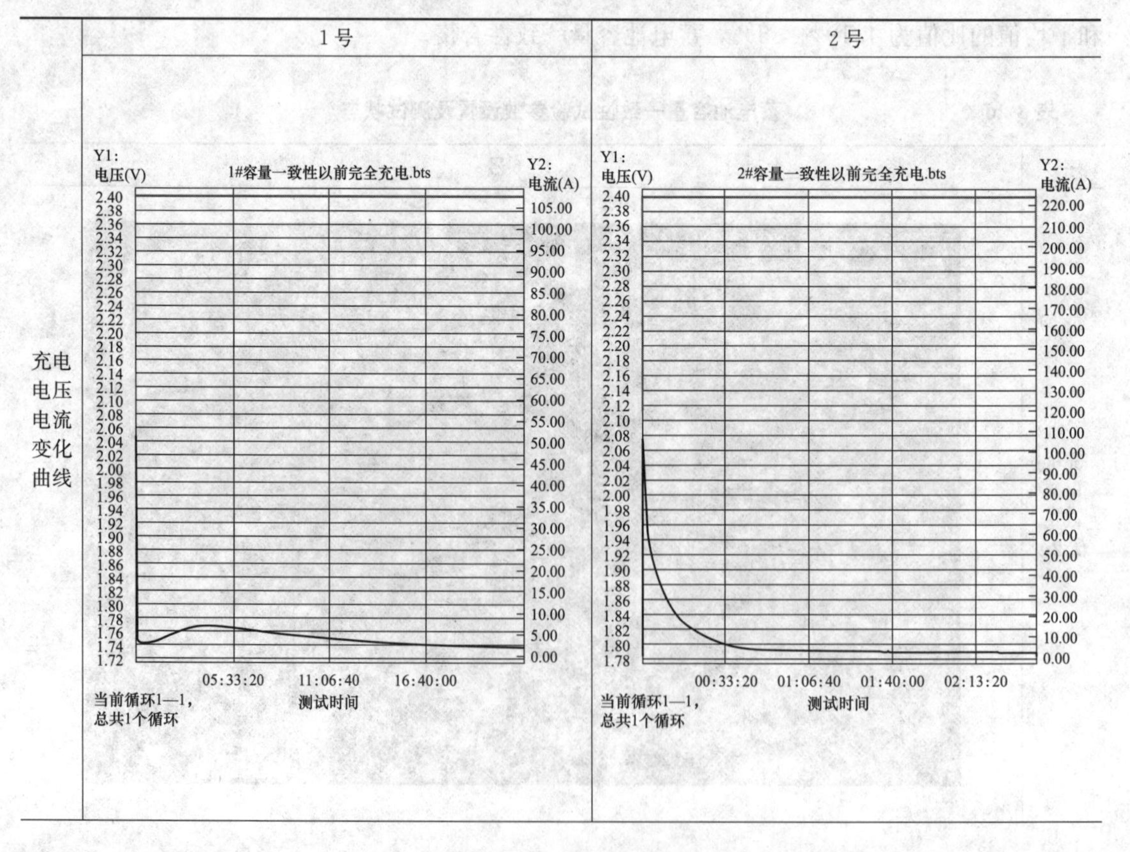
</td></tr>
</table>

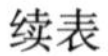
续表

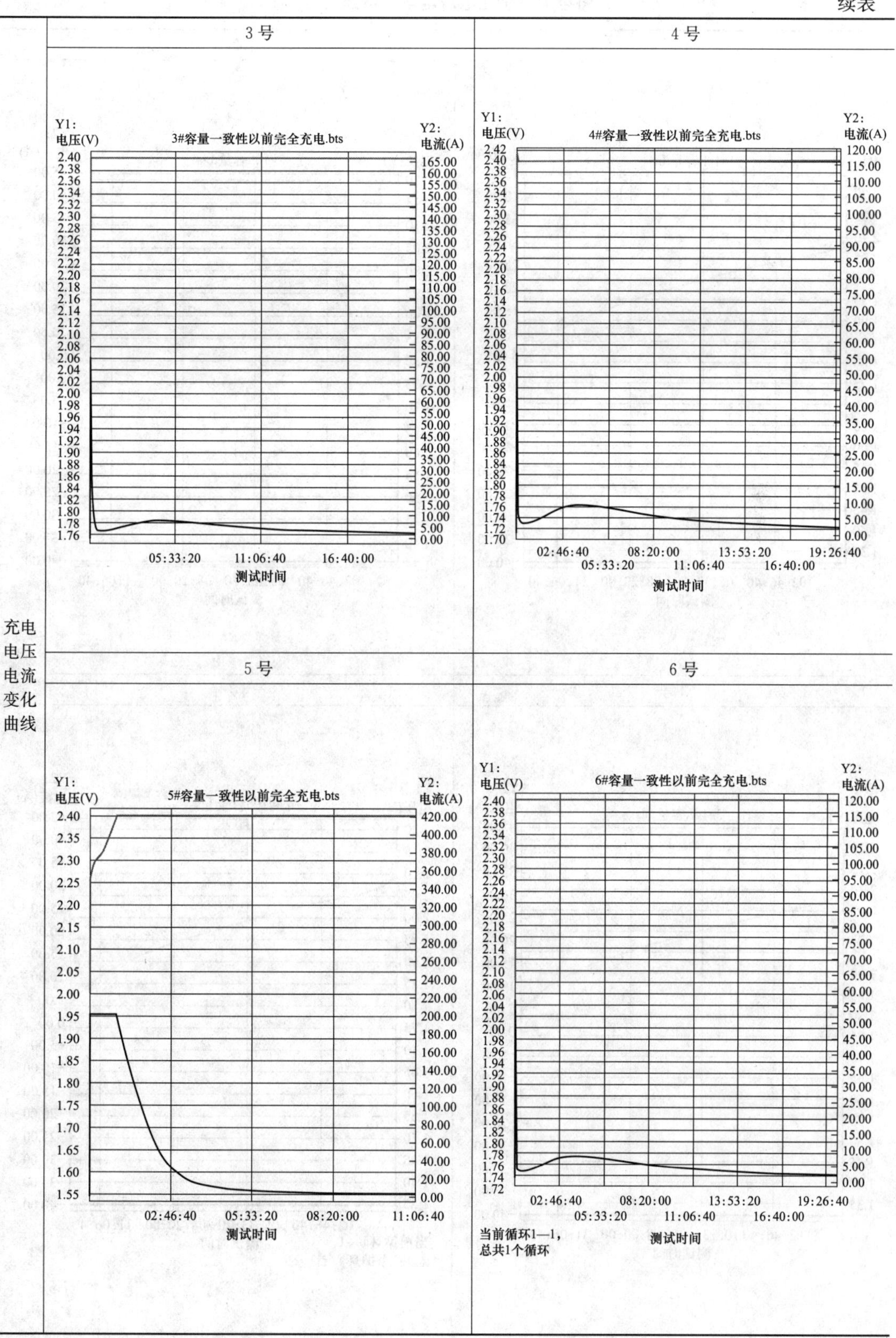
3号
4号
充电电压电流变化曲线
Y1:
电压(V)
3#容量一致性以前完全充电.bts
Y2:
电流(A)
05:33:20
11:06:40
16:40:00
测试时间
Y1:
电压(V)
4#容量一致性以前完全充电.bts
Y2:
电流(A)
02:46:40
05:33:20
08:20:00
11:06:40
13:53:20
16:40:00
19:26:40
测试时间
5号
6号
Y1:
电压(V)
5#容量一致性以前完全充电.bts
Y2:
电流(A)
02:46:40
05:33:20
08:20:00
11:06:40
测试时间
Y1:
电压(V)
6#容量一致性以前完全充电.bts
Y2:
电流(A)
02:46:40
05:33:20
08:20:00
11:06:40
13:53:20
16:40:00
19:26:40
测试时间
当前循环1—1,
总共1个循环

表 3-28　　　　蓄电池完全充电放电电流电压曲线

1号	2号

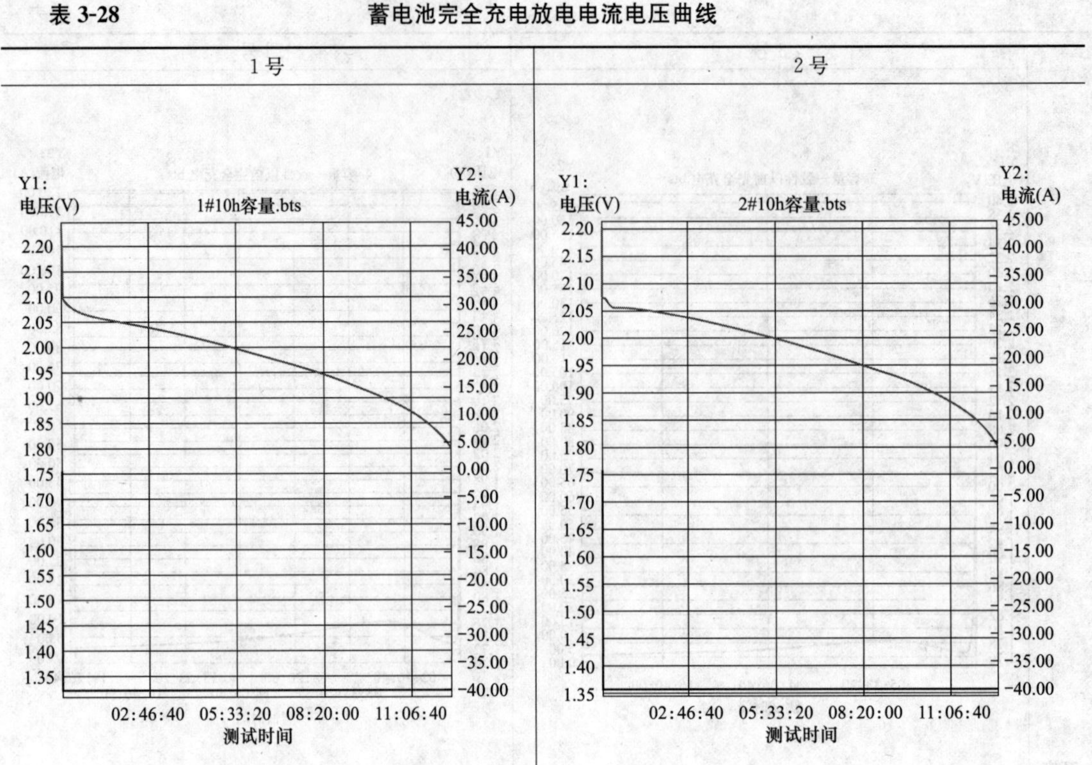

3号	4号

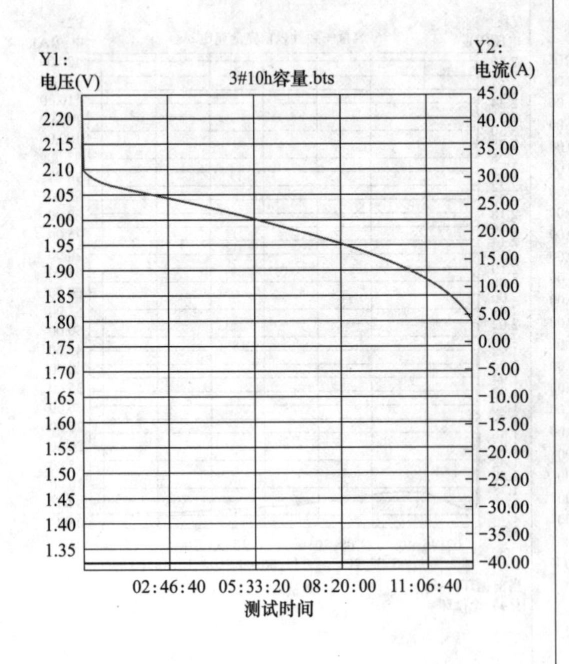

当前循环1—1，
总共1个循环

续表

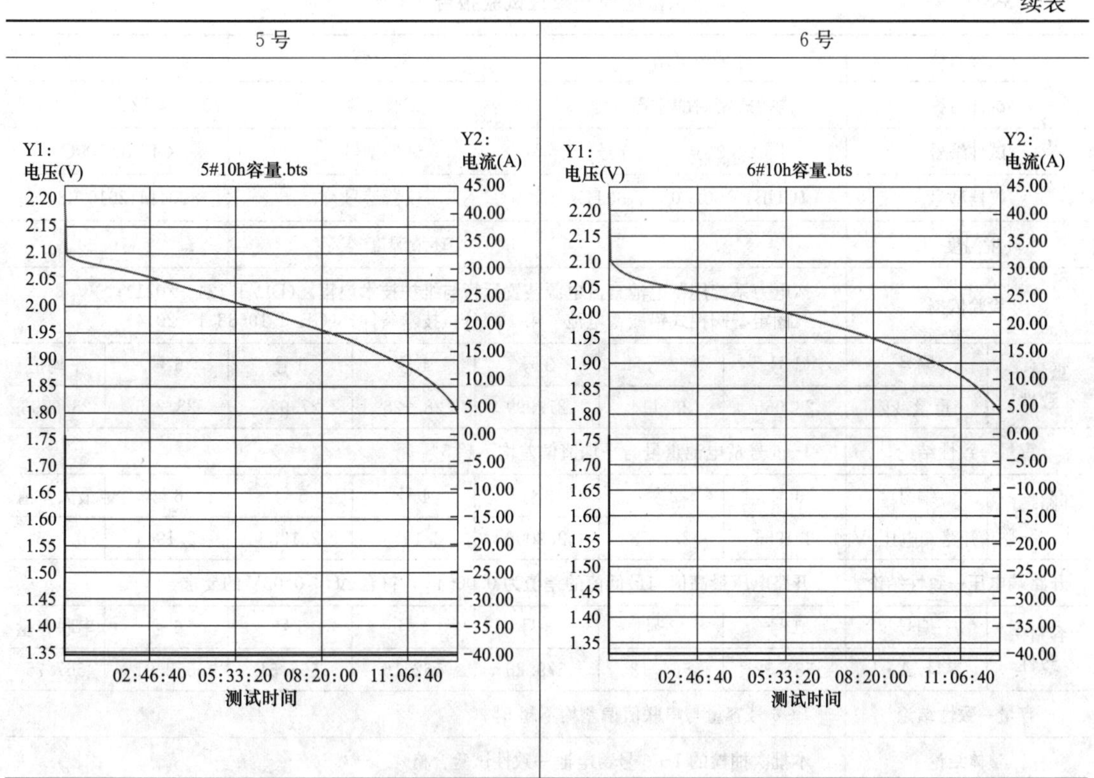

表 3-29　　蓄电池的放电数据记录

编号	1号	2号	3号	4号	5号	6号	备注
充电电压/V	2.4	2.4	2.4	2.4	2.4	2.4	恒压
充电截止电流/A	2	2	2	2	2	2	—
静止时间	24h	24h	24h	24h	24h	24h	—
放电电流/A	40	40	40	40	40	40	—
放电截止电压/V	1.8	1.8	1.8	1.8	1.8	1.8	—
总放电时间/h	12:23:14.4	12:39:40.0	12:35:46.7	12:14:54.8	12:44:50.3	12:21:11.9	—
放电容量/A·h	493.71681	506.44680	502.64604	485.57274	505.37373	491.77209	—

表 3-30　　蓄电池容量一致性判定结果

容量一致性	编号	1号	2号	3号	4号	5号	6号	平均值	最大值和最小值的差值
	容量/A·h	493.71681	506.44680	502.64604	485.57274	505.37373	491.77209	497.588035	20.87406
容量一致性结论	容量最大值与最小值的差值和平均值的比值为4.19%，没有超过5%，属于合格								

蓄电池一致性试验报告见表3-31，通过该表可快速了解蓄电池情况，决定下一步试验。

表 3-31　　　　　　　　　　蓄电池一致性试验报告

工程名称		某变电站			供应商		—	
试件名称		阀控式密封酸铅蓄电池			试验日期		2021 年 12 月 21—25 日	
试件编号		1、2、3、4、5、6 号			试件型号		GFMD-500C	
仪器型号		(CUBT-100A-018V-6CH)			仪器编号		80041412010/4807	
环境温度/℃		25			环境湿度（%）		70	
检验依据		《电力系统用蓄电池直流电源装置运行与维护技术规程》(DL/T 724—2021)； 《固定型阀控式铅酸蓄电池　第 1 部分：技术条件》(GB/T 19638.1—2014)						
重量一致性	编号	1 号	2 号	3 号	4 号	5 号	6 号	平均值
	重量/kg	28.066	28.114	27.999	28.128	27.923	28.246	28.0793
重量一致性结论		1～6 号蓄电池重量与平均值偏差均不超 5%						
开路端电压一致性	编号	1 号	2 号	3 号	4 号	5 号	6 号	最大差值
	开路端电压/V	2.1986	2.1978	2.2008	2.1973	2.1956	2.1944	0.0064
开路端电压一致性结论		开路电压最高值与最低值的差值为 0.0064V，符合 $\Delta U \leqslant 0.03$V 的要求						
容量一致性	编号	1 号	2 号	3 号	4 号	5 号	6 号	串联容量
	容量/A·h	581.52	564.13	579.25	562.16	566.51	552.91	567.75
容量一致性结论		1～6 号容量与串联值偏差均不超 5%						
整体结论		本批次抽检的 1～6 号蓄电池一致性试验合格						
检验				审核				

二、高倍率充放电循环寿命耐久性试验

按照设备验收方案，选取蓄电池一致性试验中最先降至截止电压 1.8V 的 4 号蓄电池开展高倍率充放电循环寿命耐久性试验，试验现场见表 3-32，试验后蓄电池无漏液、鼓包等现象。

表 3-32　　　　　　　　高倍率充放电循环寿命耐久性试验现场

试验前样品	
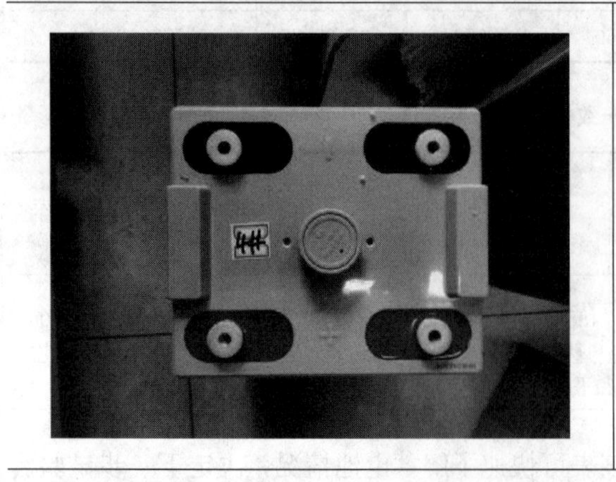	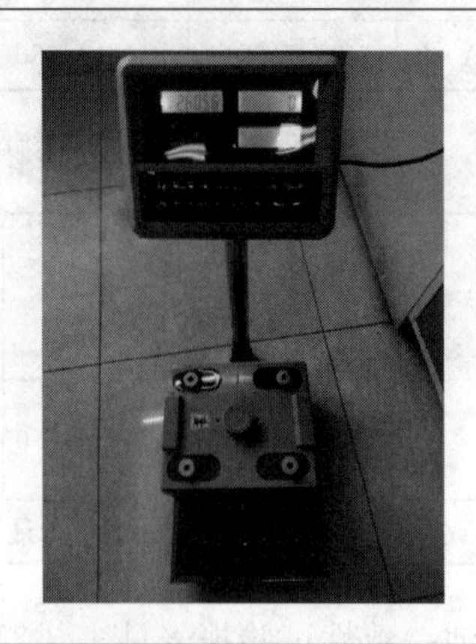

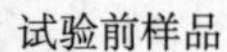

续表

<table>
<tr><td colspan="2">完全充电接线</td></tr>
<tr><td></td><td>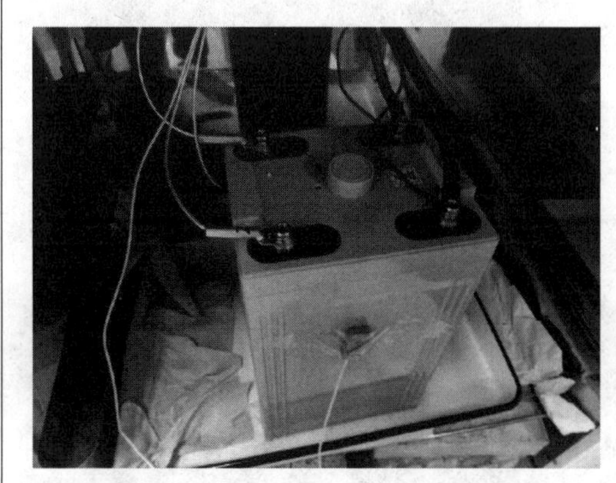</td></tr>
<tr><td colspan="2">无纸记录计电池表面温度显示</td></tr>
<tr><td colspan="2">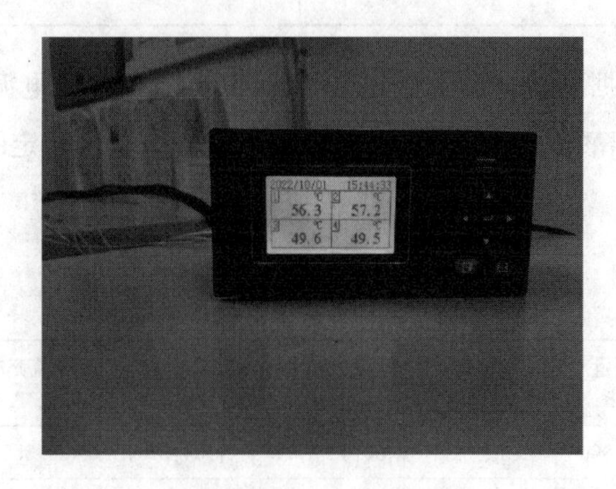</td></tr>
<tr><td colspan="2">试验箱外观</td></tr>
<tr><td colspan="2"></td></tr>
</table>

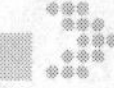

续表

试验后样品	

试验方式及原始数据见表 3-33，经过 15 次大电流加速充放电循环寿命试验后，按照《电力用固定型阀控式铅酸蓄电池》（DL/T 637—2019）中 8.17 规定的测试程序进行 10h 率容量性能试验。

表 3-33　　　　试验方式及原始数据

循环	放电时间	放电容量/A·h	恒流充电时间	恒压充电时间	总充电时间	恒流充电容量/A·h	恒压充电容量/A·h	总充电容量/A·h
1	4:35:35.7	459.26860	4:12:21.9	00:42:17.8	4:54:39.7	420.55900	38.71161	459.27061
2	4:36:10.3	460.23330	4:11:52.1	00:42:47.2	4:54:39.3	419.73310	41.66693	461.40003
3	4:25:46.2	442.89600	4:03:14.5	00:51:25.1	4:54:39.6	405.35650	45.01485	450.37135
4	4:20:29.7	434.11650	3:57:43.0	00:56:57.2	4:54:40.2	396.14970	47.14960	443.29930
5	4:16:07.6	426.83320	3:53:38.5	01.01.01.2	4:54:39.7	389.35820	47.49606	436.85426
6	4:12:33.4	420.89240	3:50:00.8	01:04:39.4	4:54:40.2	383.32490	48.32235	431.64725
7	4:09:49.4	416.33440	3:46:59.7	01:07:40.1	4:54:39.8	378.27960	48.65570	426.93530
8	4:06:53.1	411.42840	3:44:25.4	01:10:14.1	4:54:39.5	374.00230	48.82672	422.82902
9	4:04:40.6	407.78720	3:42:17.6	01:12:22.1	4:54:39.7	370.45590	49.02235	419.47825
10	4:02:29.7	404.11530	3:40:21.6	01:14:18.4	4:54:40.0	367.22910	49.27462	416.50372
11	4:00:36.8	401.01320	3:38:30.7	01:16:09.3	4:54:40.0	364.15830	49.50086	413.65916
12	3:58:56.7	398.24110	3:36:55.8	01:17:43.2	4:54:39.0	361.55030	49.65344	411.20374
13	3:56:41.4	394.48100	3:34:48.6	01:19:51.3	4:54:39.8	358.01820	49.50986	407.52806

续表

循环	放电时间	放电容量/A·h	恒流充电时间	恒压充电时间	总充电时间	恒流充电容量/A·h	恒压充电容量/A·h	总充电容量/A·h
14	3:54:48.6	391.34850	3:33:10.9	01:21:28.1	4:54:39.0	355.30270	49.57454	404.87724
15	3:52:51.5	388.09530	3:31:16.5	01:23:23.1	4:54:39.6	352.12930	49.42362	401.55292

高倍率充放电循环 15 次后的核容放电曲线如图 3-1 所示，从中可知，高倍率循环 15 次后核容放电容量为 397.62400A·h，计算得出蓄电池容量衰减度 K 值为 0.827，大于 0.8，蓄电池合格。

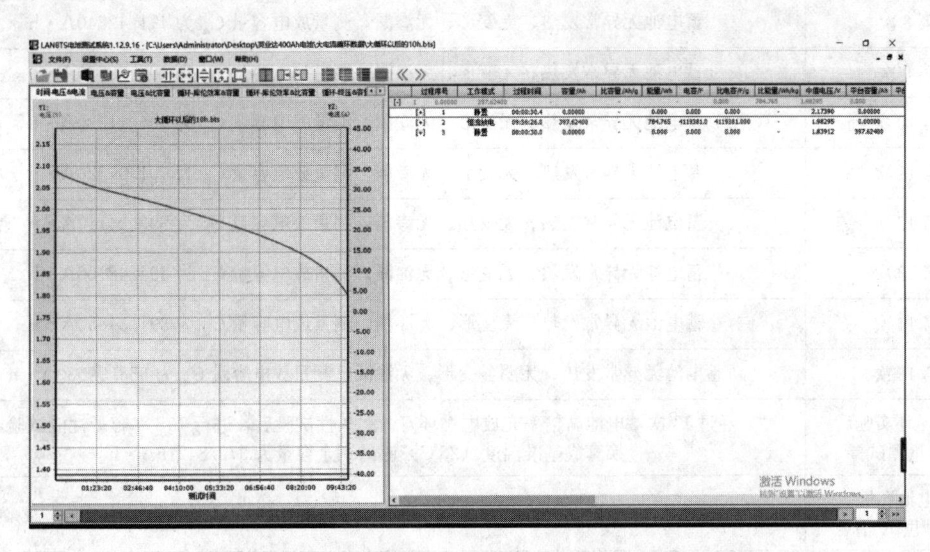

图 3-1　高倍率充放电循环 15 次后的核容放电曲线

蓄电池高倍率充放电循环寿命耐久性试验报告见表 3-34，通过该表可快速了解蓄电池的高倍率循环寿命性能。

表 3-34　　蓄电池高倍率充放电循环寿命耐久性试验报告

工程名称	某变电站	供应商	—
试件名称	阀控密封式铅酸蓄电池	试验日期	2022 年 1 月 6～12 日
试件编号	4 号	试件型号	GFM-400
仪器型号	(BT-2018E)	仪器编号	20220823001
环境温度/℃	50	环境湿度（%）	70
检验依据	DL/T 637—2019《电力用固定型阀控式铅酸蓄电池》		
充电电流/A	100	放电电流/A	100
循环次数	蓄电池状况检查		
第 1 次	蓄电池无异常发热、无变形、无渗漏，测量放电容量 C_a 为 459.26860A·h		

续表

<table>
<tr><th>循环次数</th><th colspan="5">蓄电池状况检查</th></tr>
<tr><td>第 2 次</td><td colspan="5">蓄电池无异常发热、无变形、无渗漏，测量放电容量 C_a 为 460.23330A・h</td></tr>
<tr><td>第 3 次</td><td colspan="5">蓄电池无异常发热、无变形、无渗漏，测量放电容量 C_a 为 442.89600A・h</td></tr>
<tr><td>第 4 次</td><td colspan="5">蓄电池无异常发热、无变形、无渗漏，测量放电容量 C_a 为 434.11650A・h</td></tr>
<tr><td>第 5 次</td><td colspan="5">蓄电池无异常发热、无变形、无渗漏，测量放电容量 C_a 为 426.83320A・h</td></tr>
<tr><td>第 6 次</td><td colspan="5">蓄电池无异常发热、无变形、无渗漏，测量放电容量 C_a 为 420.89240A・h</td></tr>
<tr><td>第 7 次</td><td colspan="5">蓄电池无异常发热、无变形、无渗漏，测量放电容量 C_a 为 416.33440A・h</td></tr>
<tr><td>第 8 次</td><td colspan="5">蓄电池无异常发热、无变形、无渗漏，测量放电容量 C_a 为 411.42840A・h</td></tr>
<tr><td>第 9 次</td><td colspan="5">蓄电池无异常发热、无变形、无渗漏，测量放电容量 C_a 为 407.78720A・h</td></tr>
<tr><td>第 10 次</td><td colspan="5">蓄电池无异常发热、无变形、无渗漏，测量放电容量 C_a 为 404.11530A・h</td></tr>
<tr><td>第 11 次</td><td colspan="5">蓄电池无异常发热、无变形、无渗漏，测量放电容量 C_a 为 401.01320A・h</td></tr>
<tr><td>第 12 次</td><td colspan="5">蓄电池无异常发热、无变形、无渗漏，测量放电容量 C_a 为 398.24110A・h</td></tr>
<tr><td>第 13 次</td><td colspan="5">蓄电池无异常发热、无变形、无渗漏，测量放电容量 C_a 为 394.48100A・h</td></tr>
<tr><td>第 14 次</td><td colspan="5">蓄电池无异常发热、无变形、无渗漏，测量放电容量 C_a 为 391.34850A・h</td></tr>
<tr><td>第 15 次</td><td colspan="5">蓄电池无异常发热、无明显变形、无渗漏，测量放电容量 C_a 为 388.09530A・h</td></tr>
<tr><td>15 次循环实验后容量测试</td><td colspan="5">经过 15 次蓄电池高倍率充放电循环寿命耐久性试验后，进行 10h 率容量性能试验，换算成基准温度（25℃）时的剩余容量为 379.84715A・h</td></tr>
<tr><td>蓄电池容量衰减度 K 值</td><td colspan="5">0.827</td></tr>
<tr><td>结论</td><td>Conclusion</td><td colspan="4">蓄电池循环寿命次数 15 次，蓄电池无明显变形，侧面最大形变量为 0.1305cm，符合要求</td></tr>
<tr><td>检验</td><td>Operator</td><td></td><td>审核</td><td>Verifier</td><td></td></tr>
</table>

三、蓄电池拆解检查试验

选取参与大电流加速充放电循环寿命试验的 1 块蓄电池进行拆解检查。开路电压、内阻、重量信息见表 3-35，开路电压 2.2101V，在标准值 2.02～2.25V 之间；内阻 0.0398mΩ＜0.6mΩ；重量为 26.056kg，长宽高分别为 210、173、327mm，满足所要求的 400A・h 蓄电池尺寸要求。

4 号蓄电池外观检查结果见表 3-36，蓄电池总览、顶部、底部、水平面、垂直面、安全阀、阀口、侧棱均无异常，满足要求。

4 号蓄电池电池鼓胀情况见表 3-37，测量水平面 1 为 0.95mm，单侧鼓起≤2mm，水平面 2 为 1.305mm，单侧鼓起≤3mm，满足需求。

对蓄电池拆解并记录测量信息，见表 3-38。蓄电池平整光滑，表面无凹凸、毛刺和胶污，正、负端子直径 19.99mm≥18mm，极群外观结构完整无破损，极群尺寸为 220mm×

表 3-35　　拆解检查的蓄电池开路、内阻、重量信息

项目		GFM-400	是否合格	标准值	照片
开路电压/V		2.2101	是	2.02～2.25	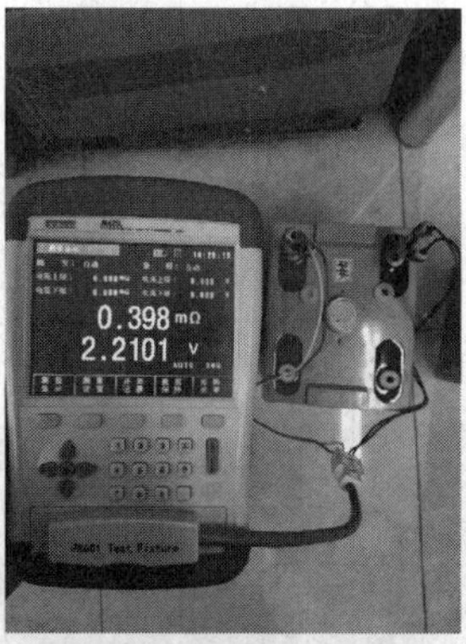
内阻/mΩ		0.398	是	<0.6	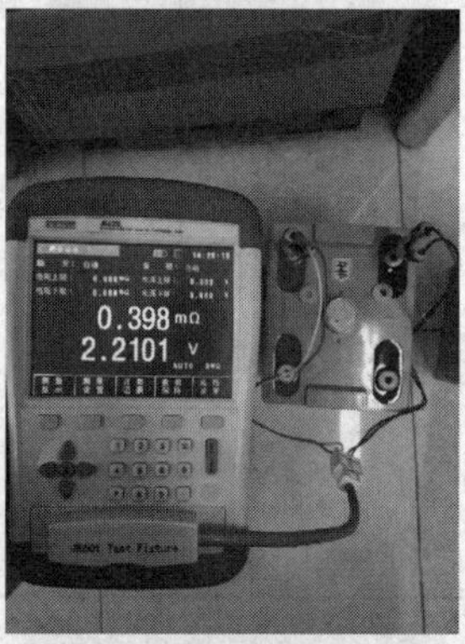
重量/kg		26.056	是	—	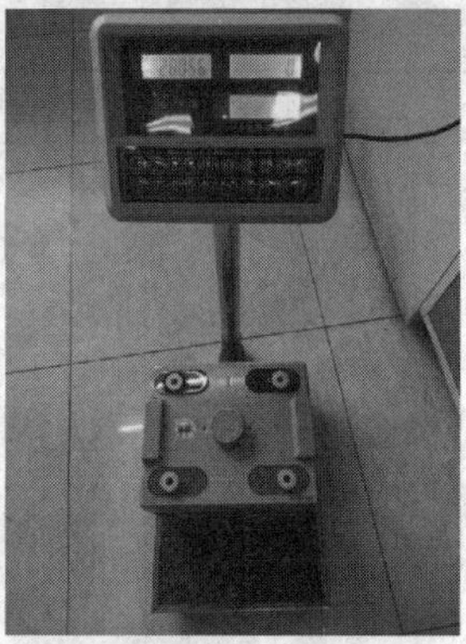
电池尺寸	长/mm	210	是	210	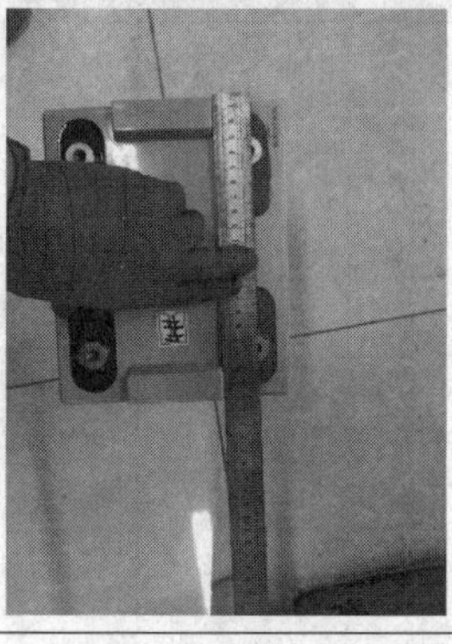

续表

项目		GFM-400	是否合格	标准值	照片
电池尺寸	宽/mm	173	是	175	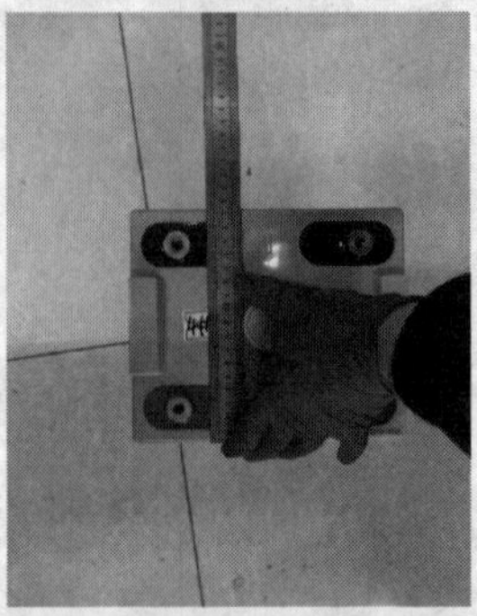
	高/mm	327	是	330	
结论	该蓄电池最大尺寸符合 GF-400Ⅺ的要求，合格				

表 3-36　　蓄电池外观检查结果

项目		GFM-400	是否合格	照片
外观	总览	无异常	是	
	顶部	无异常	是	

续表

项目		GFM-400	是否合格	照片
外观	底部	无异常	是	
	水平面 1	无异常	是	
	水平面 2	无异常	是	
	垂直面 1	无异常	是	

续表

项目		GFM-400	是否合格	照片
外观	垂直面 2	无异常	是	
	安全阀	无异常	是	 
	阀口	无异常	是	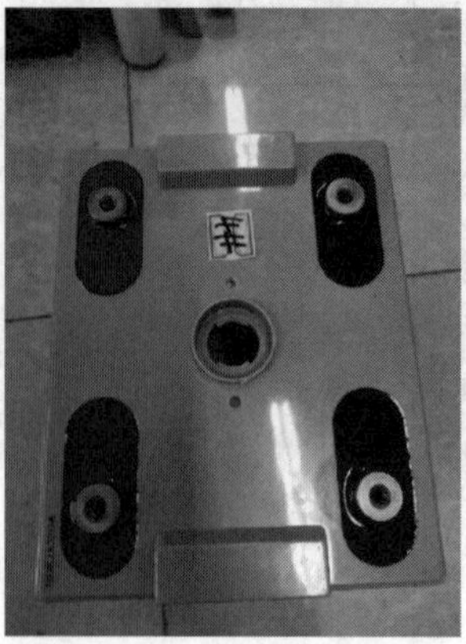

续表

项目		GFM-400	是否合格	照片
外观	侧棱	无异常	是	
结论	电池整体观察无异常，合格			

155mm× 195mm，汇流排无异常、无变形、无破损，正负极汇流排截面积分别为 121.1472mm^2、1140.8976mm^2，满足汇流排截面积下限≥110mm^2 的要求。正负极板距汇流排底部距离均为 25mm，满足汇流排与极间距下限≥11mm 的要求。

表 3-37　　蓄电池电池鼓胀情况

测量部位		GFM-400	是否合格	标准值	照片
水平面 1	两端/mm	0.95	合格	单侧鼓起≤2mm	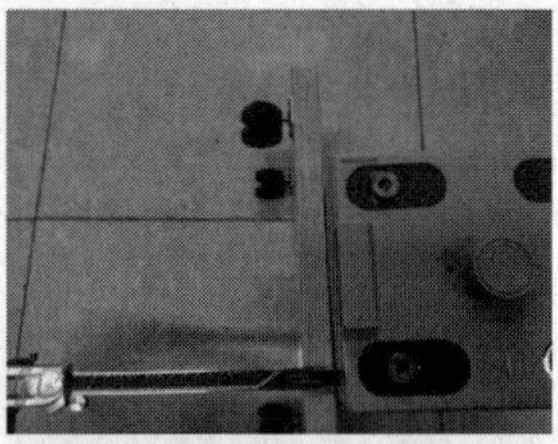 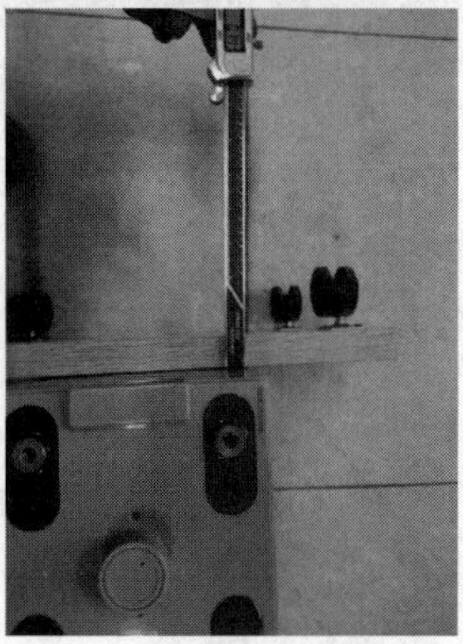

续表

测量部位		GFM-400	是否合格	标准值	照片
水平面 2	两端/mm	1.305	合格	单侧鼓起≤3mm	
结论	蓄电池水平面 1，水平面 2 均属合格				

表 3-38　　蓄电池拆解后的测量信息

项目	GFM-400	是否合格	标准值	照片
端子外观	无异常	是	端子应平整光滑，表面无凹凸、毛刺和胶污	
端子接线柱直径/mm	正、负端子直径 19.99	是	≥18mm	

续表

<table>
<tr><th colspan="2">项目</th><th>GFM-400</th><th>是否合格</th><th>标准值</th><th>照片</th></tr>
<tr><td colspan="2">极群外观</td><td>无异常</td><td>是</td><td>结构完整，无破损</td><td></td></tr>
<tr><td rowspan="2">极群尺寸</td><td>长度/mm</td><td>220</td><td></td><td></td><td></td></tr>
<tr><td>宽度/mm</td><td>155</td><td></td><td></td><td></td></tr>
</table>

续表

<table>
<tr><th colspan="2">项目</th><th>GFM-400</th><th colspan="2">是否合格</th><th>标准值</th><th>照片</th></tr>
<tr><td>极群尺寸</td><td>厚度/mm</td><td>195</td><td colspan="2"></td><td></td><td></td></tr>
<tr><td colspan="2">汇流排状态</td><td>无异常</td><td colspan="2">是</td><td>无变形，无破损</td><td></td></tr>
<tr><td>正极汇流排</td><td>厚度/mm</td><td>7.16</td><td>面积 121.1472mm^2</td><td>是</td><td>汇流排截面积下限≥110mm^2</td><td>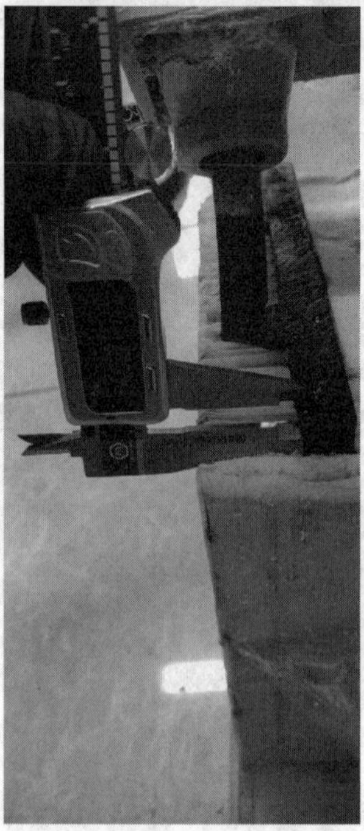</td></tr>
</table>

续表

项目		GFM-400	是否合格		标准值	照片
正极汇流排	宽度/mm	16.92	面积 121.1472mm^2	是	汇流排截面积下限 $\geqslant 110mm^2$	
负极汇流排	厚/mm	8.23	截面积 140.8976mm^2	是	汇流排截面积下限 $\geqslant 110mm^2$	
	宽/mm	17.12				

续表

<table>
<tr><th colspan="2">项目</th><th>GFM-400</th><th>是否合格</th><th>标准值</th><th>照片</th></tr>
<tr><td rowspan="2">极板距汇流排底部距离</td><td>正极板/mm</td><td>25</td><td>是</td><td>汇流排与极间距下限≥11mm</td><td></td></tr>
<tr><td>负极板/mm</td><td>25</td><td>是</td><td>汇流排与极间距下限≥11mm</td><td></td></tr>
<tr><td rowspan="2">正极极耳</td><td>宽度/mm</td><td>14.94</td><td>是</td><td rowspan="2">—</td><td>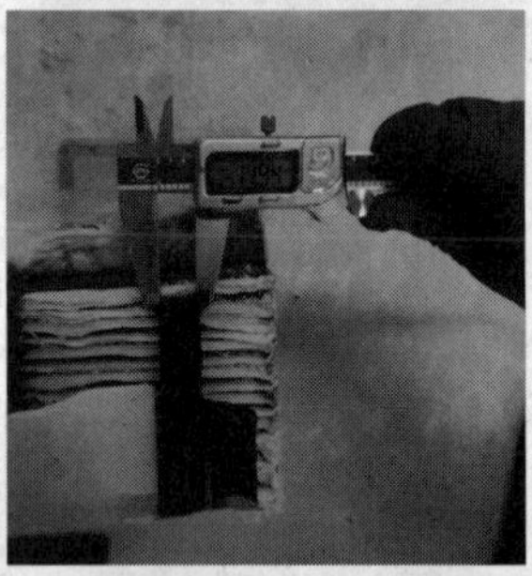</td></tr>
<tr><td>厚度/mm</td><td>3.56</td><td>是</td><td></td></tr>
</table>

续表

项目		GFM-400	是否合格	标准值	照片
负极极耳	宽度/mm	15.14	是	—	
	厚度/mm	2.44	是		
结论	该蓄电池拆解后测量数据符合国家标准，合格				

蓄电池拆解后正负极板信息见表3-39，极板尺寸符合规定。

表 3-39　　　　蓄电池拆解后正负极板信息

<table>
<tr><th colspan="3">项目</th><th colspan="4">GFM-400</th><th>照片</th></tr>
<tr><td rowspan="4">正极板尺寸</td><td colspan="2">外观</td><td colspan="4">正极板表面轻微发白</td><td> </td></tr>
<tr><td colspan="2">活性物质状态</td><td colspan="4">无异常</td><td> </td></tr>
<tr><td rowspan="2">厚度/mm</td><td>测量位置</td><td>A点</td><td>B点</td><td>C点</td><td>D点</td><td>无</td></tr>
<tr><td>1号</td><td>3.53</td><td>3.76</td><td>3.60</td><td>4.01</td><td> 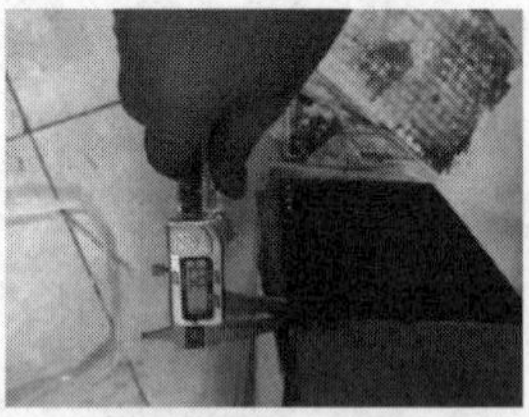  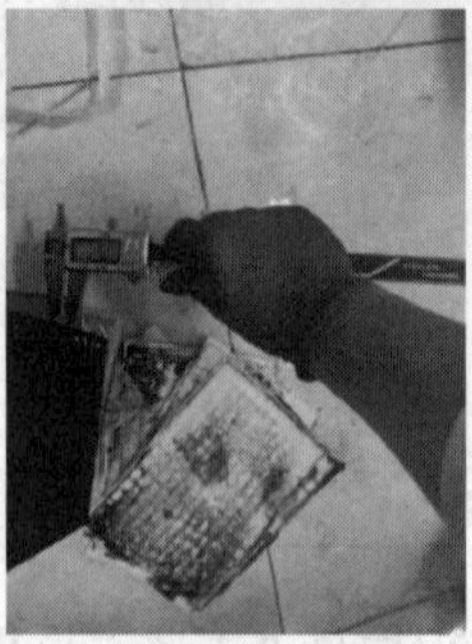 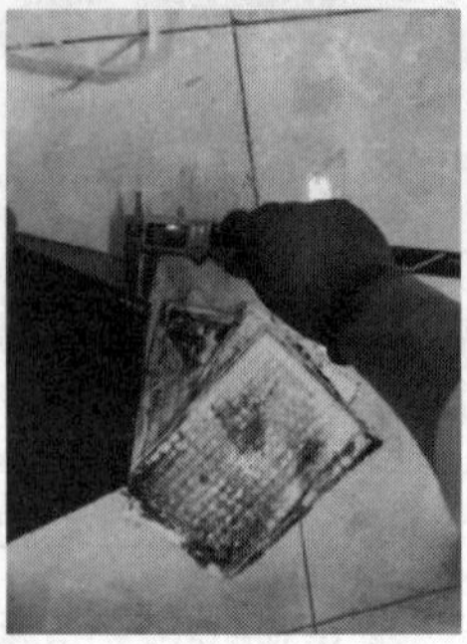</td></tr>
</table>

续表

<table>
<tr><td colspan="3">项目</td><td colspan="4">GFM-400</td><td>照片</td></tr>
<tr><td rowspan="3">正极板尺寸</td><td rowspan="3">厚度/mm</td><td>测量位置</td><td>A点</td><td>B点</td><td>C点</td><td>D点</td><td>无</td></tr>
<tr><td>2号</td><td>3.84</td><td>3.72</td><td>4.14</td><td>3.97</td><td>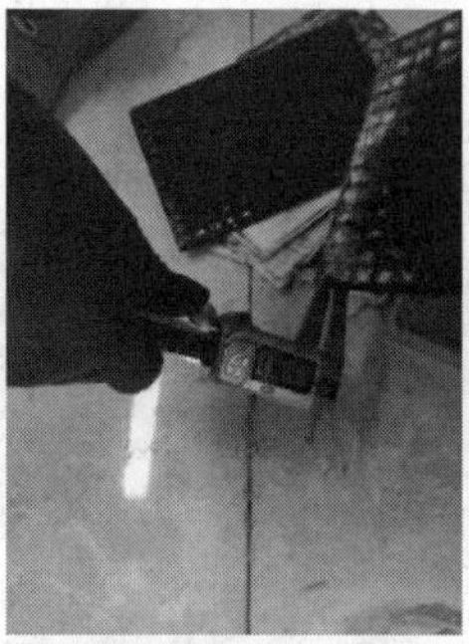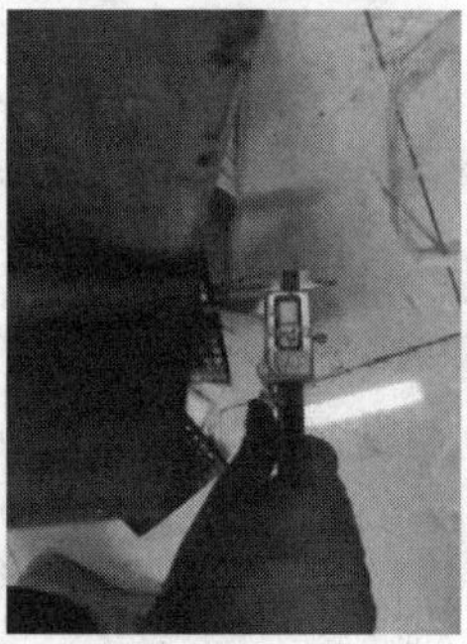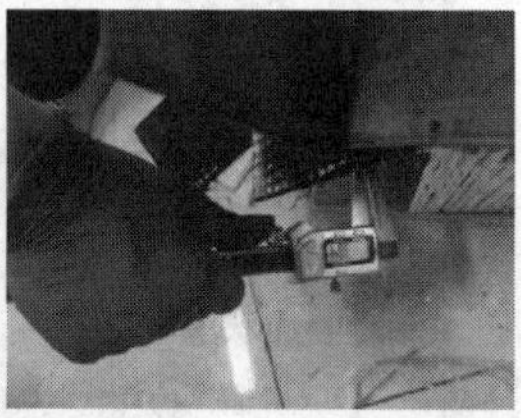</td></tr>
<tr><td>3号</td><td>3.89</td><td>4.34</td><td>3.71</td><td>4.29</td><td>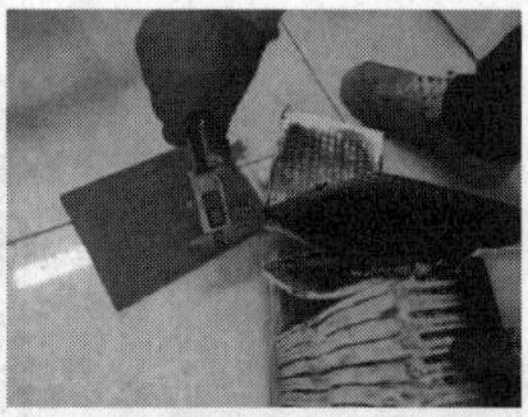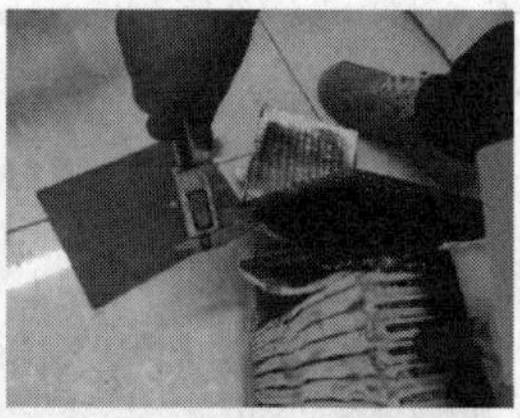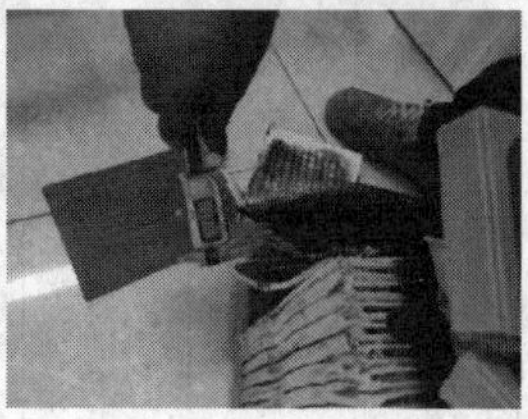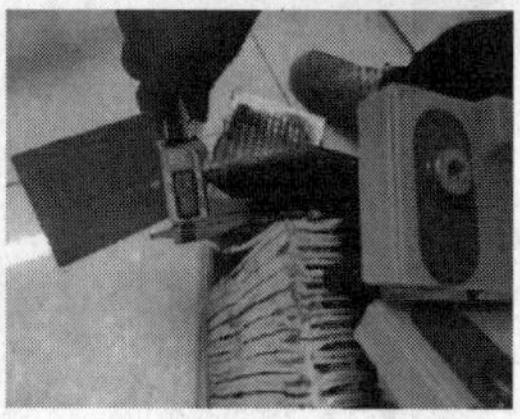</td></tr>
</table>

续表

<table>
<tr><th colspan="2">项目</th><th colspan="4">GFM-400</th><th>照片</th></tr>
<tr><td rowspan="4">负极板尺寸</td><td>外观</td><td colspan="4">负极板略微有些干</td><td> </td></tr>
<tr><td>活性物质状态</td><td colspan="4">无异常</td><td> </td></tr>
<tr><td rowspan="2">厚度/mm</td><td>测量位置</td><td>A点</td><td>B点</td><td>C点</td><td>D点</td></tr>
<tr><td>1号</td><td>2.76</td><td>2.84</td><td>2.77</td><td>2.43</td><td> 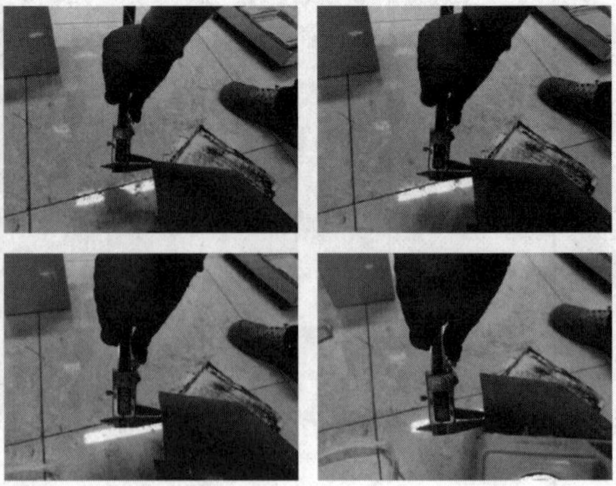</td></tr>
</table>

续表

项目			GFM-400				照片
负极板尺寸	厚度/mm	测量位置	A点	B点	C点	D点	
		2号	3.19	3.11	2.62	2.83	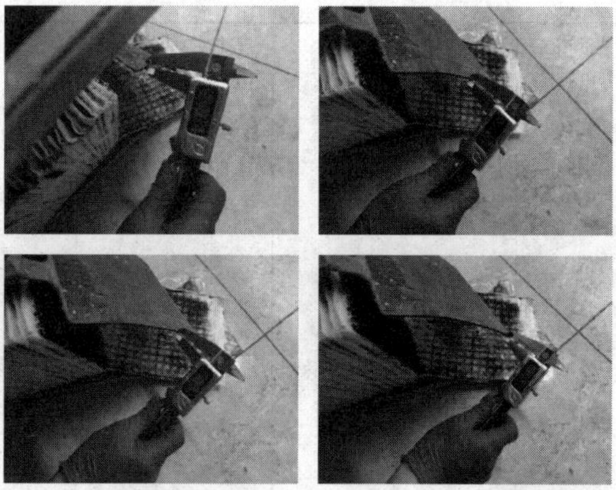
		3号	2.38	2.38	2.55	2.61	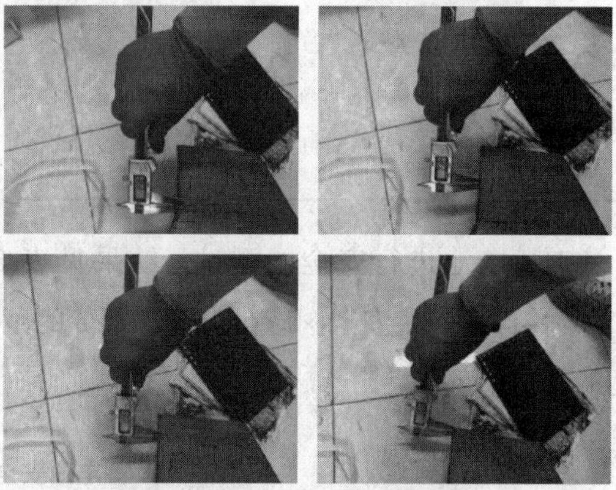
	外观		无异常				
隔板	重量/(g/片)		123	126	124		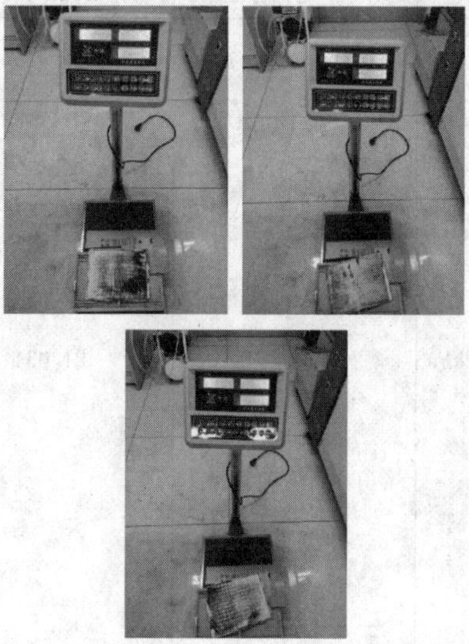
结论	该蓄电池极板尺寸符合规定，负极板略微有些干						

通过密度计对蓄电池电解液中硫酸的浓度进行测试，测试结果见表3-40，蓄电池电解液中硫酸密度为1.296g/cm³。

表3-40　　蓄电池电解液硫酸浓度

项目	检测细分	GFM-400	备注	
硫酸密度	电解液密度（密度计）/(g/cm³)	1.296（26℃）	密度计1.296（现场25℃）	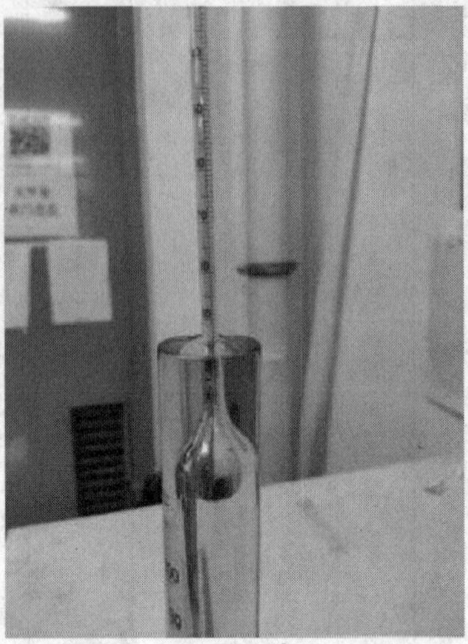

对蓄电池进行安全阀测试，结果见表3-41。安全阀开闭阀压力分别为21.084kPa、16.854kPa，满足安全阀应在10～35kPa的范围内可靠开启，在3～35kPa的范围内可靠关闭的要求。

表3-41　　蓄电池安全阀测试结果

项目	检测细分	GFM-400	备注
安全阀压力/kPa	开阀压力	21.084	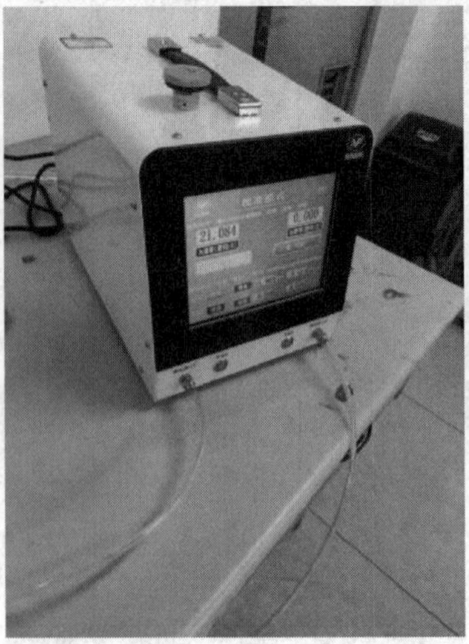

续表

项目	检测细分	GFM-400	备注
安全阀压力/kPa	闭阀压力	16.854	

对蓄电池壳体阻燃性能检测，按照《电工电子产品着火危险试验 第16部分：试验火焰50W水平与垂直火焰试验方法》（GB/T 5169.16—2017）进行。试样尺寸要求为长度≥125mm±5mm，宽度13mm±0.5mm，厚度0.7mm。从电池外壳上切割下大块外壳塑料板后，再切割成宽度约13.6mm、长度大于130mm的长条形试样。在研磨机上用水砂纸将切割面打磨光滑，并将试样尺寸打磨至长度≥125mm±5mm，宽度13mm±0.5mm。试样的厚度为原电池外壳板的厚度，不做调整。

对试样的状态进行调整，23℃试样的状态调整箱为带磨口盖的密闭玻璃容器（玻璃干燥器的容器），如图3-2所示。状态调整箱内的相对湿度由放在下部的氯化钙溶液控制（实际浓度根据相对湿度测量值进行调整），状态控制箱的温度由室温控制。状态控制箱的相对湿度约为40%～50%，温度为23～25℃，状态调整时间不低于48h。

图3-2 状态调整箱

70℃试样的状态调整在烘箱中进行，温度控制在70℃±2℃。状态调整时间为168h。之后将试样取出，在干燥器中冷却，冷却时间不少于4h。干燥器中放置变色硅胶，温度为室温（23℃±2℃），相对湿度小于20%。

火焰确认按照《电工电子产品着火危险试验 第22部分：试验火焰50W火焰装置和确

认试验方法》(GB/T 5169.22—2015)进行，如图 3-3 所示。

图 3-3　火焰确认试验

确认火焰的铜块及测温热电偶由燃烧试验箱厂家提供，燃气为液化石油气。经确认，火焰高度 20～22mm、燃烧器口距试样 10mm 时，火焰功率符合要求。

燃烧试验时的环境温度为 16～17℃，相对湿度为 40%～42%。

23℃下状态调整试样，所有试样的余焰时间大于 70s；5 个试样的总余焰时间大于 400s；所有试样烧至夹持夹具；所有试样有熔融物滴落，且引燃棉垫。因此，电池壳体阻燃能力分级劣于 V-0 级。

蓄电池拆解报告见表3-42，从表中可完整看出蓄电池内外部状态。

表3-42　　　　　　　　　　　　**蓄电池拆解报告**

工程名称	某变电站	供应商	—
试件名称	阀控式密封酸铅蓄电池	试验日期	2022年1月13～16日
试件编号	无	试件型号	GFM-600
仪器名称	电池电阻测试仪	仪器型号	JK625L
仪器名称	温度测量仪	仪器型号	TXY612
仪器名称	电子秤	仪器型号	150kg/1g
仪器名称	钢尺	仪器型号	50cm/1mm
仪器名称	游标卡尺	仪器型号	15cm
仪器名称	电子卡尺	仪器型号	自制
仪器名称	密度计	仪器型号	1.2～1.3g/cm^3
仪器名称	水平垂直燃烧试验箱	仪器型号	XM-HV50W
环境温度/℃	25	环境湿度（%）	70
检验依据	《电力用固定型阀控式铅酸蓄电池》（DL/T 637—2019）； 《固定型阀控式铅酸蓄电池　第1部分：技术条件》（GB/T 19638.1—2014）； 《固定型阀控式铅酸蓄电池　第2部分：产品品种和规格》（GB/T 19638.2—2014）； 《电工电子产品着火危险试验　第16部分：试验火焰50W水平与垂直火焰试验方法》（GB/T 5169.16—2017）		

检查项	结论	
外观特性	该蓄电池侧面总体鼓胀最大达到1.305mm，符合标准，壳体无裂纹、漏液及污迹，标志、标记清晰，安全阀释压，综合判断合格	
电气性能	开路电压2.2101V、内阻0.398mΩ、重量26.056kg，符合GB/T 19638.1—2014的要求。合格	
解体性能	内部结构完整，极板无断裂、翘曲；隔板无短缺，极柱与汇流排连接无断裂；极群无异物；极板厚度符合DL/T 637—2019的要求。合格	
理化试验	1.296g/cm^3（26℃），合格	
阻燃性试验	阻燃性试验不符合GB/T 5169.16—2017的要求，不合格	
结论	Conclusion	蓄电池侧面符合标准，合格。阻燃性试验不合格，其余检查项均合格

第四章

蓄电池安装运行后主要监督

蓄电池经过规划可研、工程设计、设备采购、设备制造、设备验收、设备安装、设备调试、竣工验收8个阶段后正式投入运行，为了保证失电时蓄电池能正常出力保障信号、控制、保护等正常动作，避免事故进一步扩大，必须对蓄电池开展投运后的运维检修监督。在达到退役条件后，蓄电池退役报废。

在蓄电池运维检修、退役报废环节中主要有运行与维护技术、故障诊断及处理技术、退役及报废技术。一般而言，在运维检修阶段出现事故较多，需要重点关注。

第一节　蓄电池运行与维护技术

一、蓄电池充放电制度

为加强直流系统管理，提高设备健康程度，变被动为主动，把设备缺陷消除在萌芽状态，必须重视蓄电池的充放电检查工作。

蓄电池组的运行方式及参数设置应依据蓄电池生产厂家的技术条件要求进行，蓄电池生产厂家未提供或无产品规定值时可选用下文括号内的推荐值，并可参考图4-1阀控蓄电池组运行状态示意图进行。

阀控式铅酸蓄电池的充电一般分为均衡充电和浮充电两种方式，均衡充电为恒流限压—恒压（限流）的两段式充电，浮充电为恒压充电的一段式充电，均衡充电结束后转为浮充电方式运行。

1. 均衡充电

将充电装置自动或手动（一般3个月）对蓄电池组进行“恒流限压—恒压（限流）—浮充电”的充电过程。

充电过程为：采用1.0I_{10}电流进行恒流（限压）充电，当蓄电池组端电压上升到

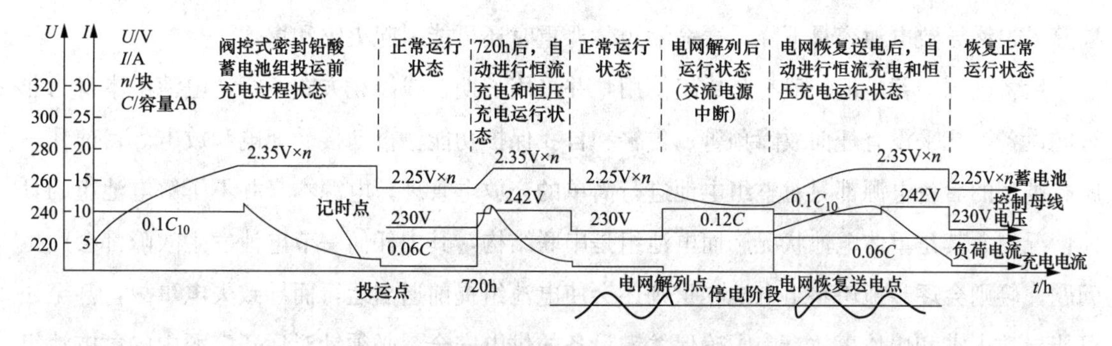

图 4-1 阀控式密封铅酸蓄电池运行示意

(2.30～2.40)V×n 限压值时，自动或手动转为恒压（限流）充电。在 (2.30～2.40)V×n 的恒压充电下，当充电电流从 $1.0I_{10}$ 逐渐减小至 $0.1I_{10}$ 电流时，充电装置的倒计时开始启动，当整定的倒计时结束时，均衡充电完成。

2. 浮充电

当均衡充电整定的倒计时结束时，充电装置将自动或手动地转为正常的浮充电运行，浮充电压值宜控制为 (2.23～2.28)V×n，浮充电的电流值正常范围为 (0.2～0.5)mA/A·h。

3. 补充充电

在浮充电条件下，蓄电池组的个别蓄电池可能会长期处于欠充或过充状态，产生电压不均匀的现象，造成蓄电池容量的亏损。补充充电即是用以弥补这一问题，以均衡充电方式进行，可使蓄电池组随时具有满容量。

4. 阀控蓄电池的核对性放电

长期使用限压限注的浮充电运行方式或只限压不限流的运行方式，无法判断阀控蓄电池的现有容量，也无从得知内部是否失水或干裂。只有通过核对性放电，才能找出蓄电池存在的问题。

阀控蓄电池进行全核对性放电，用 $1I_{10}$ 电流恒流放电，当蓄电池组端电压下降到 1.8V×n 时，停止放电，隔 1～2h 后，再用 I_{10} 电流进行恒流限压充电—恒压充电—浮充电，反复放充 2～3 次，蓄电池容量可以得到恢复。若经过 3 次全核对性放充电，蓄电池组容量均达不到额定容量的 80%以上，可认为此组阀控蓄电池使用年限已到，应安排更换。

新安装的阀控式铅酸蓄电池组，投运后每 2 年应进行一次核对性充放电试验；运行 4 年以后的阀控式铅酸蓄电池组应每年进行一次核对性充放电试验。

二、蓄电池传统维护技术

阀控式密封铅酸蓄电池属于危险化学品，使用过程中容易发生火灾甚至爆炸。

阀控式密封铅酸蓄电池是电能和化学能的转化装置，对使用环境的温度、充放电电压、电流、时间、频率、电池组的一致性及安装和存放等都有严格的要求，实际使用中很容易发生电池故障。包括硫化、干涸、爬酸、漏液、鼓胀变形、内部短路、开路、连接松动、热失控等。最终导致电池容量下降，寿命缩短。严重时还可能引起火灾和爆炸。

后备电源中蓄电池一般都是成组使用，并采用长期在线浮充方式运行，电池组本身为非智能设备，几乎没有任何故障预警、告警和自我保护功能。被动接受充电和放电。目前几乎所有类型的后备电源都只对整组电池进行简单的充放电管理，电源本身并不了解电池组的具体情况，尤其是单体电池状况。而电池组是串联结构，其中任何一节电池发生故障都会产生问题，轻则会逐步拖垮整组电池，重则还会使电池组提前退出运行而导致失电事故，甚至还可能导致火灾和爆炸事故。为了确保关键设备的供电安全，必须针对后备电源中的蓄电池组进行严格的日常检测和维护。

随着智能社会的快速发展，应急后备电源市场每年都在快速增长，越来越多的蓄电池组需要检测和维护。到目前为止还有大量的蓄电池缺乏智能检测和维护手段，需要大量的人工巡检和维护。

1. 电压测试

（1）测试工作至少两人开展，防止蓄电池发生短路、接地、断路。

（2）测试时，测试电缆应连接正确。

（3）蓄电池完成充电后，在静置状态时逐一测量单体电压。

（4）蓄电池单体电压及蓄电池组输出电压测量应每月至少进行一次（也可采用满足精度要求的在线监测装置）。

2. 内阻测试

（1）测试工作至少两人开展，防止蓄电池发生短路、接地、断路。

（2）新投运的蓄电池组进行完全充电，使用蓄电池内阻测试仪进行测量，其测量结果应作为该蓄电池评估内阻的原值，以后宜沿用本次采用的仪器。

（3）测试时，测试电缆应连接正确，按顺序逐一进行。

（4）新安装蓄电池组，投运后每年应至少进行一次蓄电池内阻测试，运行 4 年以后应每半年进行一次蓄电池内阻测试（也可采用满足精度要求的在线监测装置）。

3. 温度测量

（1）采用红外测温仪对蓄电池单体开展温度测量。

（2）蓄电池单体温度测量应每月至少一次（也可采用满足精度要求的在线监测装置）。

4. 蓄电池容量测试

使用蓄电池组充放电仪对电池组进行容量测试，经过 3 次核容测试后容量仍然达不到 80%的应整组更换。新安装蓄电池组，应进行全核对性放电试验。之后每 2 年进行一次核对性放电试验。运行了 4 年以后的蓄电池组，每年做一次核对性放电试验。

（1）测试装置。主要的测试装置有万用表、钳形电流表、蓄电池充放电测试仪、接地电阻测试仪、红外线测温仪、蓄电池内阻测试仪等。

1）万用表。万用表是一种带有整流器的、可以测量交直流电流、电压及电阻等多种电学参量的磁电式仪表。对于每一种电学量，一般都有几个量程，又称多用电表。万用表是由磁电系表头，测量电路和选择开关等组成的。通过选择开关的变换，可方便地对多种电学参量进行测量，其电路计算的主要依据是闭合电路欧姆定律。万用表种类很多，使用时应根据不同的要求进行选择。

2）钳形电流表。钳形电流表由电流互感器和电流表组合而成。电流互感器的铁心在捏紧扳手时可以张开；被测电流所通过的导线可以不必切断就可穿过铁心张开的缺口，当放开扳手后铁心闭合。用钳形电流表检测电流时，一定要夹入1根被测导线（电线），夹入2根（平行线）则不能检测电流。另外，使用钳形电流表中心（铁心）检测时，检测误差小。在检查家电产品的耗电量时，使用线路分离器比较方便，有的线路分离器可将检测电流放大10倍，因此1A以下的电流可放大后再检测。用直流钳形电流表检测直流电流时，如果电流的流向相反，则显示出负数，可使用该功能检测汽车的蓄电池是充电状态还是放电状态。

3）蓄电池充放电测试仪。蓄电池充放电测试仪是用来实现蓄电池充放电试验的仪器。其主要功能包括：①蓄电池组恒流放电功能；②蓄电池组智能充电功能；③在线监测功能和快速容量分析功能；④活化功能；⑤单体电压检测功能；⑥完全深度放电功能；⑦能适时发出警报，如风扇故障报警并停止放电，极性接反等误操作提示功能，不损坏仪表；⑧具备多项安全自动保护功能。

4）接地电阻测试仪。接地电阻测试仪适用于电力、邮电、铁路、石油、化工、通信、矿山等行业测量各种装置的接地电阻以及测量低电阻的导体阻值，本表还可测量土壤电阻率及地电压。工作原理为由机内DC/AC变换器将直流变为交流的低频恒流，经过辅助接地极和被测物组成回路，被测物上产生交流压降，经辅助接地极送入交流放大器放大，再经过检测送入表头显示。

5）红外线测温仪。红外线测温仪主要由红外探测器、光学成像物镜及光机扫描系统（目前先进的焦平面技术可省去光机扫描系统）组成。其工作原理为：接受被测目标的红外辐射能量分布图形，反映到红外探测器的光敏元上；在光学系统和红外探测器之间，有一个光机扫描机构对被测物体的红外热像进行扫描，并聚焦在单元或分光探测器上，由探测器将红外辐射能转换成电信号，经放大处理、转换或标准视频信号通过电视屏或监测器显示红外热像图。这种热像图与物体表面的热分布场相对应，实质上是被测目标物体各部分红外辐射的热像分布图。由于信号非常弱，与可见光图像相比，热像图缺少层次和立体感，因此，在实际动作过程中为更有效地判断被测目标的红外热分布场，常采用一些辅助措施来增加仪器的实用功能，如图像亮度、对比度的控制，实际校正，伪色彩描绘等技术。

6）蓄电池内阻测试仪。蓄电池内阻测试仪不同于万用表测量电阻的原理，它所测量的值是毫欧级，而万用表测量的值是欧姆级，且万用表只能测无电源对象的阻值，而内阻仪既可测无电源对象的阻值，也可测有电源对象的阻值。利用内阻阻值的大小来判断电池的劣化状态，一般来说其阻值越小电池的性能越好。

（2）测试方法。目前大部分都采用人工检查的方法来实现蓄电池的维护。该方法除了放电测试外，主要测量电池组电压、单电池电压、温度和单电池内阻，但该方法存在众多不足：①人工测量的准确度会受到诸多因素的影响；②由于人工测试大都为定期进行，无法及时发现落后、失效蓄电池；③放电测试对蓄电池会造成无法恢复的伤害隐患；④大量的人工测量费时费力，安全性差，周期长。

1）电压测量。电池组电压测量可以发现充电机的参数设置是否正确。由于蓄电池是串联运行，整组电池的电压由充电机的输出来决定。单电池电压监测可以发现单电池浮充电压是否正确，单电池是否被过充电、过放电等情况。

2）温度测量。温度测量可以发现电池的工作环境是否通风不良、温度过高。

3）内阻测量。电池内阻能够反映电池的容量下降和电池老化，不同厂家的内阻测试仪的准确度和抗干扰能力差别很大，由于采用的工作频率不同，其读数值也会有差别。通常测量夹具很难与电池端子直接接触，故测量值往往包括连接电阻。

三、蓄电池在线维护技术

1. 在线监测技术

除了传统的人工检测外，目前在线监测技术发展越来越快，因此，电力系统中使用的蓄电池引入了在线监测电压、内阻的方法。蓄电池在线监测管理是针对测量电池的运行条件和检测电池本身的状况而设计的，其发展大致经历了整组电压监测、单电池电压监测及单电池内阻巡检 3 个阶段。

（1）整组电压监测。整组电池监测功能一般设计在整流电源内，测量电池组的电压，电流和温度，进行充电和放电管理，尤其是根据环境温度变化调整电池的浮充电压，在电池放电时电池组电压低至某下限时报警，现在的 UPS 仍然采用该方法。但是整组监测存在较大的不足，如在蓄电池组放电时，放电的截止电压是 1.8V/块，但是由于蓄电池组中蓄电池的一致性无法严格保证，因此在放电中当个别电池已经达到放电截止电压，但电池组并没有达到 1.8V/块，这样就会出现个别电池过放电。

（2）单电池电压监测。全电子式的监测，对蓄电池的运行情况可以做到较为全面的监测与管理，如单电池电压、电池组电压、充放电电流、蓄电池的环境温度等。通过蓄电池运行参数的监测，可以保证蓄电池在正常条件下的运行与工作。但当蓄电池运行条件无法保障的前提下，蓄电池运行参数的监测是无法反映其性能参数的。

(3) 单电池内阻监测。电池总内阻是电荷转移电阻与各部件欧姆电阻的总和，实验表明：欧姆阻抗是电池早期失效的最大隐患。

1) 影响内阻变化的常见因素：①腐蚀，随栅板和汇流排的腐蚀，金属导电回路变化，使内阻增大，腐蚀和长年使用会导致活性物质从栅板上脱落，使内阻增大；②硫化，随一部分活性物质硫化，涂膏的电阻亦增加；③电池干涸，由于VRLA电池无法加水，失水可能使电池报废；④制造缺陷，如铸铅和涂膏，都能导致高的金属电阻和容量问题。

2) 对内阻影响不大的因素：①充放电，从浮充状态到20%容量的放电几乎不影响内阻，实验表明，20%的放电对内阻的影响小于3%；②温度，39℃以内的高温对电池内阻影响甚微，低温有些影响，但需到18℃以下。

3) 内阻变化对电池的影响。实验表明，内阻比基准值高出50%的电池，不能通过标准的容量测试，VRLA电池是一个接一个地失效。使用3～4年的电池组，各个内阻值分布高于基线值的0～100%也是常事。高放电速率下的使用寿命似乎对这些因素更为敏感，一般电池内阻增加20%～25%时就到了寿命期限。在低放电速率下，内阻一般增加20%～35%后电池使用寿命才结束。现场测试的数据表明，个别电池的内阻偏离平均值的25%时，就应进行放电容量测试。将温度传感器置于电池表面可以发现电池过热，从而及时发现电池运行过程的异常。

4) 内阻实时在线监测的方法。内阻巡检一方面可以监测蓄电池的电压、电流、温度等运行参数；另一方面可以通过内阻的监测及时判断蓄电池的健康程度。在线内阻测试技术难度大，内阻准确度和抗干扰能力差别也很大。内阻实时在线监测的方法可归为直流放电法和交流法两类。

a. 直流法。直流法即直流放电法，即在瞬间大电流放电时测量电池电压降，由此得到蓄电池的内阻，并通过蓄电池内阻变化的情况分析蓄电池落后情况或失效趋势，同时辅以电压、电流等运行参数的监测，是目前比较领先的监测技术。直流法存在的不足之处是：①采用大电流的放电，对蓄电池性能会带来一定的损害，如果测量次数较多，这种损害还会累积；②直流法只能测量蓄电池内阻中的欧姆阻抗，对极化阻抗则无法测量，故判断蓄电池的失效、落后是不充分的；③放电器及连线的可靠性要求较高，同蓄电池的连线需$10mm^2$以上，连线方式要求亦较高。

b. 交流法。交流法就是向蓄电池注入一定频率的交流信号，由于蓄电池内部存在阻抗，然后测量其反馈的电流信号，进行信号处理，比较注入信号与反馈信号的差异，从而测得蓄电池内阻。交流法的特点有：①无须放电，避免了大电流放电对蓄电池性能的损害；②无须使蓄电池脱机或静态，避免了系统安全性的隐患，可真正实现实时在线测量；③可同时测量蓄电池的欧姆阻抗和极化阻抗，对蓄电池健康度的分析更加真实、可靠；④没有负载，成本大大减少。近几年，随着数字信号处理技术的发展，有效消除其他电磁信号干扰成为可能，突破性解决了交流法在实际应用中的难题，从而使该方法在实际工作得以应用。

(4) 其他在线监测技术。除了电压、内阻监测外，其他蓄电池在线监测技术主要实时监控直流充电机的运行状态、控制母线电压、合闸母线电压、控制母线接地状态、各路馈线开关状态检测，馈线开关跳闸检测等重要电源特性参数，一旦发现电源状态异常立即发出声光报警，直接报到直流监控中心以便及时处理，从而避免重大电力事故的发生。

2. 在线核容技术

在诸多蓄电池维护工作里，能够确定蓄电池容量是否满足运行要求的维护工作只有蓄电池组核容放电，其他维护只能发现蓄电池运行过程中的一些明显故障或通过这些维护工作提高蓄电池运行的安全系数。《电力系统用蓄电池直流电源装置运行与维护技术规程》(DL/T 724—2021) 对阀控蓄电池的核对性放电周期规定如下：新安装或大修后的阀控蓄电池组，应进行全容量核对性放电试验，以后每 2 年至少进行一次核对性试验，运行了 4 年以后的阀控蓄电池，应每年作一次容量核对性放电试验。

人工定期核容放电时，工作人员现场安装放电机设备和烦琐的地接线等，增加了人为操作失误造成蓄电池短路的可能，且容易发生充电设备烧毁等严重安全生产事故。现场 10h 率放电，耗费了维护人员的人力和时间。因此，各研究单位和厂商都对方便可靠的在线式核容技术进行了探究。目前主要有纯电阻式负载在线核容技术、在线负荷评估式核容技术、DC/AC 逆变并网式在线核容技术、DC/DC 升压式核容技术 4 种在线核容技术。

(1) 纯电阻式负载在线放电。最早期的蓄电池在线容量核对设备采用放电切换控制电路。将蓄电池组脱离电源系统后，通过 PTC 负载或调阻式负载进行放电。纯电阻式负载放电方式具有结构简单、技术含量低、价格便宜、工作可靠等优点，但其缺点也非常明显，具体表现在：①蓄电池在放电过程中，端电压不断降低，简单的纯电阻通断调控难以做到恒流放电，从而不能准确测量蓄电池的容量；②部分放电机采用 PWM 控制来进行电流控制，会出现较大的反峰电压，对蓄电池产生较大的影响；③放电环境恶劣，电阻丝在发热过程中温度较高，存在较大的火灾隐患，且电阻以发热形式释放，会造成放电室温度升高，以 48V/500Ah 蓄电池组计算，核对行放电时的功率达 2.5kW，如此大的热能耗散是一个非常大的问题；④发热负载放电机的体积通常非常庞大；⑤电能被消耗，造成了能量的浪费。此类设备在实际应用时，仍然需要人工现场操作及值守，不具备无人值守的条件。

(2) 在线负荷评估式放电。将直流电源直流电压调低至设定阈值，让蓄电池组直接对本地负荷进行供电，损耗电能直至蓄电池组电压低至设定阈值。在线负荷评估式放电虽然工作量少，但由于采用实际负荷进行，往往放电电流随着电压逐渐降低而增大，无法对蓄电池组的健康程度进行定量评估。

（3）DC/AC 逆变并网式在线放电。应用逆变并网模块作为电源系统蓄电池的放电单元，将蓄电池电能回馈至电网，效率可达 90%以上。逆变并网模块与在线控制模块构成的远程逆变并网放电系统使蓄电池始终与直流屏的直流母线保持连接。在对蓄电池进行核容放电试验时，直流母线由整流屏供电，蓄电池向电网回馈电能；当整流屏输出故障或交流停电时，能够自动停止核容试验，将蓄电池立即接入直流母线，保证母线供电不中断。逆变并网核容技术节能环保，同时解决了发热负载放电存在的过热安全隐患，但是由于需要接入交流，与其他方式相比，系统接线相对复杂，增加了施工过程中的安全风险。

（4）DC/DC 升压式核容放电。在蓄电池组与直流母线之间增加 Boost 升压电路，将蓄电池组的电压上升至略高于整流屏的输出电压，使蓄电池组对本地负荷进行供电损耗电能。通过实时监测及反馈放电电流大小对 Boost 升压电路进行闭环控制实现恒定电流放电。升压式核容放电在负载电流大于 $0.1C$ 电流的前提下，实现 $0.1C$ 恒流放电。

第二节 蓄电池故障诊断及处理

一、蓄电池常见故障及预防措施

1. 阀控式密封铅酸蓄电池早期容量失效

（1）故障现象。阀控式密封铅酸蓄电池在使用过程中，只需数月或 1 年，其容量就低于额定值的 80%，或整组蓄电池性能普遍良好，但其中个别蓄电池的性能急剧变差。个别蓄电池失效，在整组蓄电池充电时，失效蓄电池电压迅速升高。整组蓄电池尚未充足电时，失效蓄电池已处于过充状态，导致失效蓄电池失水速度加大。同时因失效蓄电池的影响，导致整组蓄电池充电电压升高，充电电流下降，充电时间延长。

（2）原因分析。

1）蓄电池设计和制造原因。实践表明，阀控式密封铅酸蓄电池中，正负极板与玻璃纤维隔板中电解液脱离接触是导致蓄电池早期容量失效的根本原因。

2）生产工艺不当，原材料不合格。阀控式密封铅酸蓄电池组中个别蓄电池失效有可能是由于生产过程中个别偶然因素引起的，如组焊极群时有微小铅粒落入极群中、蓄电池加酸量控制不严、不合格部件装入蓄电池中、某些原材料不合格等。

3）未按要求对蓄电池进行维护，对蓄电池在运行中的问题没有及时发现和处理。

（3）预防措施。

1）对于正、负极板与玻璃纤维隔板中电解液脱离的问题，在设计和制造中应适当提高极群组装压力，使隔板压缩率达到 15%～20%；同时适当增加电解液量，并在蓄电池外壳强度允许的条件下适当提高安全排气阀的开启压力，减少开阀次数，以防失水速率加大。

2）蓄电池制造企业严格控制各工序的质量和严格防止不合格原材料进入生产工序。

3）建立蓄电池运行维护制度，及时发现和处理问题蓄电池。

4）新蓄电池组在安装投产前按规程、规范要求进行一次全容量的核对性放电试验，及时发现问题蓄电池。

2. 阀控式密封铅酸蓄电池硫酸盐化

(1) 故障现象。在电池放电时，端电压下降较快；核对性放电时，蓄电池放不出额定容量。充电时端电压在初期和末期过高，达 2.8～3.0V 以上，而且电解液冒气过早，电池温度上升也较快。

(2) 原因分析。

1）蓄电池长期欠充电，浮充电压低于 2.23～2.28V（25℃），在活性物质中残留一部分未能还原的硫酸铅，时间一长硫酸铅不断积累，难以完全转化为活性物质，造成严重的硫化，使电池完全失效。

2）深度放电频繁（如每月一次），硫酸铅生成在活性物质微孔的深处，导致在正常充电时不易得到充分还原。

3）蓄电池放电后没有立即充电，极板硫酸盐化。

4）蓄电池长期过充电，浮充电压高于 2.23～2.28V（25℃），造成蓄电池失水严重。蓄电池失水后电解液密度过高，使极板硫酸盐化加快。此外，过充电不仅使极板深处生成较多的硫酸铅，而且容易结合成大块的粗结晶硫酸铅层。

(3) 预防措施。

1）浮充电运行时，单体电池电压应保持在 2.23～2.28V，取 2.25V/单体（25℃）。

2）避免深度放电。

3）对核对性放电达不到额定容量的蓄电池，应进行 3 次核对性放充电，当容量仍达不到额定容量的 80%以上时，应更换蓄电池组。

3. 阀控式密封铅酸蓄电池热失控

(1) 故障现象。蓄电池的使用寿命与蓄电池内部产生的热量密切相关，蓄电池内部的电化学反应的功率损耗将产生一定的热量。热失控是指在对蓄电池进行恒压充电时，造成电池内部温度积累上升而损坏蓄电池的现象。

(2) 原因分析。蓄电池浮充电压设置过高，使电池充电电流过大，产生的热量将使电解液温度升高，导致电池电流进一步增大，又促使温度进一步升高。处于异常状态下的电池内阻很大，充电过程中电池发热严重。同时阀控电池中的氧复合反应是放热反应，充电过程中也将产生一定的热量。此外在充电过程中热平衡的功能上，阀控式密封铅酸蓄电池与防酸蓄电池有很多差别，阀控式密封铅酸蓄电池在充电过程中产生的热量远多于普通铅酸蓄电池，且为了防止水分过多蒸发，阀控或密封铅酸蓄电池的隔热性能较好。蓄电池内部热量如此不断积累，温度将持续上升，最终导致蓄电池温升不可控制而外壳破裂或熔化。

（3）预防措施。要克服热失控现象，除对电池本体提出要求外，还应注意以下几点：①蓄电池室内或蓄电池柜要有较好的通风；②环境温度不宜过高，整流充电装置必须具备限流、恒压功能，且恒压应保持在±1%的范围内。为了提高电池的散热效率，电池制造厂常用强化聚丙烯作为电池的外壳材料。这种材料散热性能好，强度高，防渗漏和阻燃性能好。在结构上，将单体电池外壳紧贴外附的钢壳安装，或采用瓦楞状设计，并在钢壳上开孔，使叠装的电池组有数条上下贯通的通风道，以便于散热。

4. 阀控式密封铅酸蓄电池均匀性差

（1）故障现象。蓄电池浮充电时，电池电压偏差较大（大于平均值±0.05V），或蓄电池的开路电压之差大于0.03V。

（2）原因分析。

1）蓄电池原材料和半成品的规格和质量。原材料中的有害杂质会降低蓄电池的浮充电压加速蓄电池自放电。隔板、极板厚度和吸酸量的不均匀性也会使浮充电压不均匀。

2）蓄电池安全阀的开启和关闭压力。蓄电池在长期的使用过程中很难做到安全阀的开启和关闭压力始终保持均匀一致。开启压力大的蓄电池极群上部空间的气体压力大，则浮充电压就高，反之亦然。

3）蓄电池制造过程中注酸量及酸的浓度不均匀。阀控式密封铅酸蓄电池是贫液蓄电池，若注酸量及酸的浓度不均匀，则注酸量越多，酸的浓度越高，其浮充电和开路电压越高。

4）蓄电池超过了规定的存放时间，又没按规定在存放期进行补充电，则存放时间越长，蓄电池浮充电和开路电压的分散性越大。

（3）预防措施。

1）变电站新投入运行的阀控式密封铅酸蓄电池的浮充电压，在使用半年左右将达到最佳状态。在此期间，应对蓄电池的浮充电压加强巡视检查。观察其浮充电压的分散性有无加大的趋势。

2）存放问题。应按要求进行全容量反复充放2～3次，使蓄电池恢复容量，减小电压的偏差值。

3）蓄电池制造工艺的控制。对阀控式密封铅酸蓄电池生产工艺的要求比普通铅酸蓄电池要苛刻得多。只有每道工序上都严格按工艺规定执行，才能最大限度地保持阀控铅酸蓄电池性能的均匀性。

4）如有质量问题，应更换不合格产品。

5. 阀控式密封铅酸蓄电池干涸失效

（1）故障现象。核对性放电时，蓄电池放不出额定容量，或阀控式密封铅酸蓄电池达不到设计使用寿命。

(2) 原因分析。

1) 浮充电压控制不严。蓄电池长期过充电，浮充电压高于2.23～2.28V (25℃)。浮充电压选得过高，过充电电流过大，会降低氧复合反应效率，导致蓄电池水分损失，更加速蓄电池失水过程。

2) 蓄电池长期在超过标准温度下运行。温度升高将加速蓄电池内部水分的分解，在恒压充电时，较高的室温环境使充电电流增大，导致过充电；电池长期在超过标准温度下运行，温度每升高10℃，蓄电池的寿命约降低一半。在低温充电时，将产生氢气，使内压增高，电解液减少，电池寿命缩短。蓄电池外壳采用了水蒸气及氧气保持性能差的材料（如ABS）等也会加快蓄电池电解液水分的损失。

3) 蓄电池气体复合不完全。阀控式密封铅酸蓄电池充电过程中，从正极板产生的氧气很快与负极板的活性物质发生反应并生成水。一般来说，铅酸蓄电池的气体复合效率应大于95%，而实际使用过程中，其气体复合效率可达到97%～98%。也就是说，正极产生的气体还有2%～3%不会被负极全部吸收，这种情况下，内部压力就要升高，当达到安全阀的开启值时，安全阀自动开启，使电池内部压力保持在允许范围。未反应的氧气来源于电解液中水的分解，其量虽小，但经阀控式密封铅酸蓄电池数年的运行，其累积量也是相当可观的。使用中，若阀控式密封铅酸蓄电池注酸量太多，则其气体复合效率将会进一步降低。

4) 蓄电池密封不好或安全阀开阀压力设置过低。这是造成阀控式密封铅酸蓄电池失水的重要原因。尤其是在蓄电池补充电和均衡充电时，蓄电池的充电电流较大，蓄电池内部的电化学反应较为强烈，正极板析出的氧气增多，蓄电池的内部压力增大，一部分没有被负极吸收的氧气冲出安全阀外泄。所以在使用中，在阀控式密封铅酸蓄电池外壳强度允许的情况下，应尽量提高安全阀的开阀压力。

5) 蓄电池正极板栅腐蚀。蓄电池正极板栅腐蚀的结果是正极板栅的铅转变成二氧化铅，所需要的氧原子来自电解液中的水，因此要消耗一定的水分。有时由于安全阀的故障，大量的氢、氧气会排出蓄电池，导致蓄电池水分的损失。

(3) 预防措施。

1) 正确选择、严格控制蓄电池的浮充电压。规程规定阀控式密封铅酸蓄电池的浮充电压为2.23～2.28V/单体，一般取2.25V/单体 (25℃)，并根据蓄电池使用的环境温度及蓄电池的新旧程度对蓄电池运行的浮充电压进行校正。

2) 定期检查阀控式密封铅酸蓄电池的内阻。蓄电池内阻的大小也表示蓄电池的老化程度，蓄电池寿命终止时的内阻值一般比初始值增加25%左右，有的也可能增加到50%。在定期检查蓄电池的内阻过程中，发现蓄电池的内阻异常增大，大概率是失水所致。

3）严格控制蓄电池运行场所的环境温度。阀控式密封铅酸蓄电池的最佳使用温度为25℃，在环境温度为25℃条件下的使用，阀控式密封铅酸蓄电池的老化过程是非常缓慢的。运行使用表明，蓄电池预期使用期寿命在25℃时可达8～15年，如温度为35℃，预期寿命仅为5～8年，故蓄电池室的温度应尽量保持在5～30℃。

6. 阀控式密封铅酸蓄电池发生爆炸

(1) 故障现象。阀控式密封铅酸蓄电池在浮充电转为放电瞬间发生爆炸，或阀控式密封铅酸蓄电池在超大电流放电持续时间过长时发生爆炸。

(2) 原因分析。

1）阀控式密封铅酸蓄电池浮充电压偏高，电解水较多，使负极析出的氢气存留在蓄电池上部，含量逐渐增加。在浮充时充电电流很小，即使极柱、正负极板群有接触不良的点，也不会引起明火。但在转为放电的瞬间，放电电流很大，这时触点不良的点就容易放电产生明火，引爆蓄电池上部的可燃气体，使阀控式密封铅酸蓄电池发生爆炸。

2）用ABS做壳体的阀控式密封铅酸蓄电池，当内部压强大于40kPa，内部应力发生大的变化时就会发生压爆；蓄电池运行时，若浮充电压偏高，电解水较多，则正极板产生的氧气与负极板的活性物质未能完全复合而存在于蓄电池内部，使蓄电池壳体承受的压力越来越大，当安全阀未能及时开启，壳体承受的压力在达到一定值时，就会发生爆炸。

3）阀控式密封铅酸蓄电池超大电流放电持续时间过长，蓄电池发生爆炸。蓄电池使用寿命即将终止时，蓄电池的极板常伴有硫化现象，超大电流放电持续时间过长，放电电流在蓄电池内部将产生剧烈的化学反应。这将导致电解液温度骤升，产生大量气体。一旦气体不能及时排放出去，则会使壳体承受的压力超过其额定值而发生爆炸。

(3) 预防措施。

1）蓄电池生产厂家及蓄电池使用单位认真执行《电力系统用蓄电池直流电源装置运行与维护技术规程》(DL/T 724—2021)、《电力用固定型阀控式铅酸蓄电池》(DL/T 637—2019) 中的有关规定，即安全阀的要求。安全阀应在10～35kPa的范围内可靠开启，在3～30kPa的范围内可靠关闭；蓄电池开阀压力最高值与最低值的差值应不大于10kPa，蓄电池闭阀压力最高值与最低值的差值应不大于10kPa；蓄电池除安全阀外，应能承受50kPa的正压；蓄电池密封反应效率应不低于95%；蓄电池在充电过程中，蓄电池外部遇明火时，不应发生燃烧或爆炸；蓄电池单体电池的浮充电压为2.23～2.28V，通常取2.25V (25℃)，单体电池的均衡充电电压为2.30～2.35V，通常取2.35V (25℃)；蓄电池的最佳使用温度为25℃，蓄电池室的温度应尽量保持在5～30℃。严格执行以上规定，便可防止阀控式密封铅酸蓄电池爆炸等恶性事故的发生。

2）蓄电池生产厂家按照DL/T 637—2019中的有关规定加强对蓄电池质量的控制，尤其是对安全阀的质量要格外重视，以确保安全阀能可靠的开启和关闭；极板的结构上，宜适当放宽负极板的厚度要求，减少氢气析出量；灌注的电解液的密度不高于1.30kg/L，使其单体电池的浮充电压在不高于2.25V（25℃）时，就能使蓄电池的容量充满；蓄电池宜采用封口胶黏结方式进行封口，以确保封口的可靠性。

3）运行维护部门要严格按照DL/T 724—2021对蓄电池进行维护管理，做到：①加强对蓄电池的浮充电、均衡充电的管理，并根据环境温度对蓄电池的浮充电电压进行整定；②对蓄电池的使用温度进行检查控制，温度过高或过低时，应采取调温措施；③按规程要求进行核对性放电试验，发现落后蓄电池并及时进行处理；④淘汰旧的直流设备，特别是不能满足阀控式密封铅酸蓄电池运行要求的稳压、稳流精度超标，纹波系数大的充电设备。

4）在蓄电池验收时，随机抽出一块蓄电池，按照DL/T 637—2019规定做蓄电池防爆性能试验。该试验是在确认安全措施得以保证后，用$0.5I_{10}$的电流对完全充电的蓄电池进行过充电1h，保持过充电状态下，在蓄电池排气孔附近，用直流24V电源，熔断1～3A熔丝（保险丝距排气口孔2～4mm）反复试验两次，应符合蓄电池在充电过程中，蓄电池外部遇明火时，内部不应发生燃烧或爆炸的规定。

7. 阀控式密封铅酸蓄电池发生漏液

（1）故障现象。蓄电池壳、盖的密封口处漏液；蓄电池安全阀处漏液；蓄电池极柱端子处漏液。

（2）原因分析。

1）添加电解液量过多，使内部气体复合通道受阻，蓄电池内部气体增多，压力增加，从而在蓄电池有缺陷的密封处产生漏液现象。

2）蓄电池壳、盖密封的质量问题。蓄电池壳、盖在采用热密封方法进行密封时，未按照规范操作，密封处存在热熔层及蜂窝状砂眼等。在蓄电池充电时，其内部存在氧气，在一定的气压下，氧气带着酸雾沿砂眼通道外泄，从而产生漏液现象；蓄电池壳、盖在采用环氧树脂黏接密封方法进行密封时，环氧树脂流动性较差（特别是低温固化），容易造成密封壳、盖某些局部没有填满胶，产生漏液通道。同时，环氧树脂在固化后质地很脆，在外力作用下，容易产生龟裂漏液。

3）安全阀处漏液的质量问题。添加电解液量过多，使蓄电池内部气体复合通道受阻，内部气体增多，压力增大，超过开启压力，安全阀开启，气体带着酸雾外泄，安全阀多次开启，酸雾在安全阀周围结成酸液；安全阀耐腐蚀性差。蓄电池经过一段时间的使用后，安全阀受电解液硫酸的腐蚀而老化变质，安全阀弹性下降，开启压力下降。安全阀长期处于开启状态，不能复归，造成酸雾，产生酸液。

4）蓄电池极柱端子处漏液的质量问题：蓄电池的极柱被腐蚀，蓄电池内部的硫酸沿着腐蚀通道在内部气压的作用下，流到端子表面产生漏液，也叫爬酸或漏液。这是因为在蓄电池充电时，其内部产生的氧气在酸性条件下对蓄电池极柱腐蚀造成的；蓄电池极柱的焊接一般采用乙炔氧气气体焊接，焊接极柱的表面形成一层一氧化铅，一氧化铅很容易同硫酸反应，加快腐蚀速度，使投入运行不久的蓄电池即发生漏液故障。

（3）预防措施。

1）加强对阀控式密封铅酸蓄电池制造过程中注酸的工艺的控制。对蓄电池的酸液实行微机配制，定量加入，防止因添加电解液的量没掌控好，而造成蓄电池漏液故障。

2）蓄电池壳、盖的密封口处漏液的预防措施：①对蓄电池壳、盖在采用热密封方法进行密封时，要严格控制热熔温度和时间，按照规范操作，保持热熔表面干净整洁；②在热熔和胶黏剂相结合时，应先采用热熔密封，再用密封胶密封；③在采用环氧树脂黏密封方法进行密封时，应建立高温固化室，使环氧树脂在高温作用下更好的固化；④为增强蓄电池壳、盖密封的可靠性，可选用熔解类密封胶进行密封，如采用ABS塑料做外壳的蓄电池，其壳、盖可采用丙烯脂类密封胶，使壳、盖融为一体，密封更为可靠。

3）蓄电池安全阀处漏液的预防措施：①采用耐老化的橡胶制作安全阀，延长耐老化时间；②加强蓄电池的维护检查，发现安全阀老化（开启压力下降）可适当调整，增加开启压力，以保证其密封特性；③对故障安全阀应及时更换，增强其使用的可靠性；④采用耐老化性能好、结构合理、压力可调的柱式安全阀。

4）蓄电池极柱端子处漏液的预防措施：①采用惰性气体保护性焊接（如氩弧焊）使焊接面不被氧化，延长腐蚀速度；②加高极柱端子，延长密封胶层的高度，延长腐蚀漏液时间；③取消焊接密封方式，采用橡胶压紧密封，阻断氧气通道，延缓腐蚀速度；④采用抗腐蚀性材料作高极柱端子；⑤采用密度小、导电性能好的镀铅铜材料作极柱端子。

8. 阀控式密封铅酸蓄电池达不到使用寿命

（1）故障现象。一般6V和12V系列阀控式密封铅酸蓄电池的设计使用寿命为3～6年，2V系列阀控式密封铅酸蓄电池的设计使用寿命为8～15年。而在实际使用中，往往达不到使用年限，甚至有的蓄电池还不达到设计使用年限的一半，其寿命便提前终止了。

（2）原因分析。阀控式密封铅酸蓄电池设计使用寿命指的是一种特定条件下的理论值，而其实际使用寿命与使用条件是密切相关的，如环境温度、放电深度、浮充电等因素都对阀控密封铅酸蓄电池实际使用寿命有着不同程度的影响。

1）放电深度。阀控式密封铅酸蓄电池是贫液蓄电池，随着放电时间的增长，蓄电池的内阻增长较快，端电压下降迅速。当达到生产厂家规定的放电终止电压时，若不终止放电，将导致过放电，如果反复过放电，即使再充电，容量也难以恢复，造成使用寿命缩短。

2）放电电流倍率。阀控式密封铅酸蓄电池的放电过程中，先用小电流放电，使极板深层有效物质参加反应，再用大电流充电，化学反应只在表面进行，将缩短蓄电池使用寿命。

3）浮充电。浮充电压设置过低，会因蓄电池充电不足，使电池极板硫化而缩短电池寿命。浮充电压设置过高，电池将长期处于过充电状态，使电池的隔板、极板等由于电解氧化而遭破坏，造成电池板栅腐蚀加速、活性物质松动而使容量失效。此外，试验表明，单体阀控密封铅酸蓄电池的浮充电压升高 10mV，浮充电流可增大 10 倍。浮充电流过大时，电池内产生的热量不能及时散掉，电池中将出现热量积累，从而使电池温度升高，这样又促使浮充电流增大，最终造成电池的温度和电流不断增加的恶性循环，即热失控现象。

4）充电电流倍率。大电流充电时，电池内部生成气体的速率将超过电池吸收气体的速率，电池内压将提高，气体从安全阀排出，造成电解液减少或干涸。通常，水分损失 15%，电池的容量就减少 15%。水分的过量损耗，将使阀控式密封铅酸蓄电池的使用寿命提前终止。

5）充电设备。电池使用状态的好坏关键取决于电池的充电设备，若充电机纹波系数超标，恒压限流特性不好，就会造成蓄电池过充、欠充、电压过高、电流过大、电池温度过高等现象，而缩短电池使用寿命。

6）温度。温度升高将加速蓄电池内部水分的分解，在恒压充电时，高的室温环境使充电电流增大，导致过充电。电池若长期在超过标准的温度下运行，温度每升高 10℃，蓄电池的寿命约降低一半。在低温充电时，将产生氢气，使内压增高，电解液减少，电池寿命缩短。

（3）预防措施。

1）严格按照规程要求作好蓄电池充放电试验，放电过程中要加强对蓄电池组及单体蓄电池电压的检测，特别是放电即将终止时更要加强对蓄电池电压的检测。当达到生产厂家规定的放电终止电压时，应立即终止放电，并按要求充电。

2）阀控式密封铅酸蓄电池的充放电要按规定要求进行，对蓄电池进行充电时，一定要避免充电电流过大或发生蓄电池过充现象。特别严禁用小电流放电，大电流充电的工作方式。

3）加强对蓄电池浮充电运行方式的管理。浮充电运行时，单体电池电压应保持在 2.23～2.28V，通常取 2.25V（25℃）。并根据环境温度对蓄电池的浮充电电压进行校正。

4）阀控式密封铅酸蓄电池运行时，对充电设备的要求是：稳压精度不大于±0.5%，稳流精度不大于±1%，纹波系数不大于 0.5。对运行参数超标的蓄电池充电设备应予以更换。

5）严格控制蓄电池运行场所的环境温度。阀控密封铅酸蓄电池的最佳使用温度为 25℃，推荐使用温度 5～30℃。对蓄电池环境温度超标的运行场所，应采取调温措施。

9. 阀控式密封铅酸蓄电池胀裂

（1）故障现象。阀控式密封铅酸蓄电池安全阀阀体处发生胀裂；阀控式密封铅酸蓄电池极柱处胀裂；阀控式密封铅酸蓄电池外壳鼓胀变形，电池槽与电池盖之间密封条处胀裂。

（2）原因分析。

1）蓄电池安全阀开启压力高或损坏。阀控式密封铅酸蓄电池在充电过程中，尤其是在充电终了，或浮充电电压超过2.4V/单体时，蓄电池内部将产生大量气体，若安全阀未能及时开启，气体会在电池槽内积蓄较大压力。当此压力超过外壳承受压力极限值时，蓄电池发生胀裂故障。

2）蓄电池极板发生硫化。极板发生硫化的阀控式密封铅酸蓄电池在充电电流过大或充电时间过长的情况下，单体蓄电池电压及温度迅速升高，蓄电池内部将产生大量气体，使蓄电池极板上的活性物质松动脱落，很容易引起蓄电池发生胀裂。

3）蓄电池超大电流放电持续时间过长。特别是阀控式密封铅酸蓄电池已使用数年，蓄电池使用寿命即将终止时，在变电站数台机构为电磁式的高压断路器同时合闸时，更容易引起蓄电池发生胀裂故障。这是因为在数台机构为电磁式的高压断路器同时合闸时，蓄电池的供电电流将达到数百安培，这样大的电流在蓄电池内部将产生剧烈的化学反应。此外在蓄电池使用寿命即将终止时，蓄电池的极板常伴有硫化现象，这将导致电解液温度骤升，产生大量气体。一旦气体不能及时排放出去，如果高压断路器连续合闸操作时间过长，则会加剧气体的产生，从而更增加蓄电池发生胀裂的可能性。

4）蓄电池极板的极耳和焊桩与模铅板焊接不牢固。阀控式密封铅酸蓄电池极耳和焊桩与模铅板焊接时，必须焊接牢固，融为一体，才能满足蓄电池放电时通过大电流的需要。若焊接不牢固，在蓄电池大电流放电时，焊接处会因焊接搭接面过小或接触不良而引起打火、导体烧熔开路现象，因此产生火花，把蓄电池内产生的爆炸性气体引爆点燃，造成蓄电池胀裂或爆炸。

5）蓄电池电解液黏度过大。气温过低时，电解液黏度大，渗入极板孔隙的速度慢，内阻增大，放电中消耗在内阻上的压降也大，这将引起电解液温度迅速升高，产生大量的气体，使蓄电池内部的气体压力增大。若此时蓄电池放电过度，则电解液温度升高得更快，气体产生得更多，使蓄电池内部的压力更大，极易导致蓄电池发生胀裂。

（3）预防措施。

1）蓄电池的安装施工和运行维护中，要把蓄电池的安全阀作为检查项目。防止因为安全阀体堵死，蓄电池发生胀裂，而造成变电站直流系统中断事故。

2）蓄电池的安装施工、检修工作中，要认真检查蓄电池的安装是否牢固，导线与蓄电池极柱的连接是否紧固，接头处是否有发热现象。

3）变电站运行中，要尽量避免多台电磁机构高压断路器同时合闸的运行方式。特别是阀控式密封铅酸蓄电池已使用数年，蓄电池使用寿命即将终止的变电站直流系统，更要注意此问题。

4）对阀控式密封铅酸蓄电池进行充电时，一定要避免充电电流过大或发生蓄电池过充现象。

二、蓄电池常见故障预测

阀控式铅酸蓄电池机理非常复杂，引起电池早期故障的原因多种多样，其中包括生产制造的缺陷、安装操作的不当、运行条件和环境条件的恶劣等，电池各种故障的结果都会影响电池的状态。电池状态包括充电状态和“健康”状态两个方面，充电状态是指电池可以实际放出的容量，“健康”状态是对充电状态的补充，说明构成电池的元件老化程度及其对电池性能的影响，以及现有电池容量在未来一段时间内能否可靠地放出。只有处于满充电的“健康”电池才能保证负载的不间断供电。由于阀控铅酸蓄电池是密封的，不易进行传统的维护工作，曾被误称为免维护电池。因此，不少用户不了解阀控铅酸蓄电池维护的重要性以及怎样进行维护，故一般不掌握阀控铅酸蓄电池的状态，往往在故障发生以后才知道蓄电池有问题。当前，阀控铅酸蓄电池故障已对备用电源供电安全构成或正在构成重大威胁，使用者对此应给予足够的重视。在这种情况下，加强阀控铅酸蓄电池测试和故障预测是极为重要的。

1. 测量蓄电池开箱时的开路电压分析判断蓄电池产品状况

（1）分析判断蓄电池的注酸量是否符合要求。阀控式密封铅酸蓄电池的电解液有胶体电解液和超细玻璃纤维隔膜吸附电解液两类。我国大多采用后者。超细玻璃纤维隔膜用于将电解液全部吸附在隔膜中，是一种贫电液电池，隔膜约处于95%饱和状态，电解液密度约为$d=1.30$kg/L。

蓄电池的电动势在正负极板的有效物质固定后，主要由电解液的密度决定。电动势与电解液相对密度的关系可用经验公式来求得，即

$$E=0.85+\gamma \tag{4-1}$$

式中 E——蓄电池的电动势；

γ——电解液的相对密度；

0.85——蓄电池的电动势常数。

γ是极板有效物质细孔中电解液的相对密度，不是两极板间电解液的相对密度。因此，根据式（4-1），阀控式密封铅酸蓄电池（超细玻璃纤维隔膜）的开路电压与不同型号蓄电池充饱电后的开路电压有所差异，一般为2.13～2.16V/单体。

若蓄电池出厂期在6个月内，测得蓄电池的开路电压低于2.13V/单体。根据式（4-1）可以判断其注入蓄电池电解液密度低于$d=1.30$kg/L。蓄电池电解液密度低，除了影响蓄

电池的放电容量外，还会造成蓄电池极板的硫化，影响蓄电池的使用寿命。反之，若测得蓄电池的开路电压高于 2.16V/单体，则可以判断其注入蓄电池电解液密度高于 $d=1.30$kg/L。蓄电池电解液密度高，使电池的隔板、极板等由于电解氧化而遭破坏，造成电池板栅腐蚀加速，活性物质松动，而使容量失效。

(2) 分析判断蓄电池自放电性能及容量保持率是否正常。阀控式密封铅酸蓄电池自放电性能及容量保持率是检验阀控式密封铅酸蓄电池产品质量优劣的一个重要考核标准。观察自放电的简单方法是测量电池的开路电压，开路电压同电池剩余容量密切相关。

新电池的开路电压是 2.13～2.16V/单体，储存 2～3 个月后，即从出厂运输到用户安装，电池开路电压不应低于 2.10V/单体（约相当于自放电损失 2%），如果在 2.13V/单体以上（约相当于自放电损失 1%），则说明电池储存性能很好；如果在 2.10～2.13V/单体，则说明储存性能较好；若低于 2.10V/单体，则说明储存性能较差。当电池长期储存不用时，为防止自放电引起的过放电现象，要定期对储存状态的电池进行补充电。

2. 测量蓄电池的浮充电压分析判断蓄电池运行状况

(1) 蓄电池浮充电压的设置要求。浮充电压设置过低，会因蓄电池充电不足，使电池极板硫化而缩短电池寿命。浮充电压设置过高，电池将长期处于过充电状态，使电池的隔板、极板等由于电解氧化而遭破坏，造成电池板栅腐蚀加速，活性物质松动，而使容量失效。《电力系统用蓄电池直流电源装置运行与维护技术规程》(DL/T 724—2021) 中对蓄电池组运行方式及参数设置做出了规定：蓄电池组的运行方式及参数设置应依据蓄电池生产厂家的技术条件要求进行，蓄电池生产厂家未提供或无产品规定值时可选用括号内的推荐值，并可参考附录 B.1 中的阀控蓄电池组运行状态示意图。

1) 阀控蓄电池组在正常运行中以浮充电方式运行，浮充电压值宜控制为 $(2.23\sim2.28)\text{V}\times n$，浮充电电流值的正常范围为 $(0.2\sim0.5)$mA/A·h；

2) 阀控蓄电池组在初充电或补充充电时以均衡充电方式运行，均衡充电电压值宜控制为 $(2.30\sim2.35)\text{V}\times n$。

(2) 阀控式密封铅酸蓄电池组浮充电压偏差值不合格的危害。

1) 每只蓄电池之间浮充电压的偏差值过大时，其危害比较大，若不处理继续浮充电运行，它能进一步拉大每只蓄电池之间的压差，加速蓄电池的损坏，使蓄电池容量降低更快，缩短其使用寿命。

2) 充电装置在对蓄电池组恒压充电时，蓄电池组的总电压应充到充电装置的恒压整定值，如果个别蓄电池电压低，又充不进去电，除该蓄电池的浮充电压一直处于低电压状态外，还会使其他能充进去的蓄电池浮充电压升高，以保持蓄电池组的总电压达到充电装置的恒压整定值。这样浮充电运行的结果，是使浮充电压越低的蓄电池越充不进去电，长久下去会造成这些蓄电池的欠充电；能充进去电的蓄电池长期下去就会造成过充电，两者都会使得蓄电池损坏，容量降低。

3）当较多数目的蓄电池串联使用进行充放电时，存在着电压不均衡现象。特别在恒压充电时，这种不均衡现象显得特别严重。个别落后蓄电池充电不完全，在以后的放电过程中，则进一步的造成了蓄电池的过放电。如此反复，充放电次数越多，这种不均衡现象就越突出，致使落后蓄电池完全失效。

（3）阀控式密封铅酸蓄电池组浮充电偏差值不合格的处理方法。阀控式密封铅酸蓄电池组浮充电方式运行时，如果测量出其电压偏差值不合规范要求，应根据具体情况分别处理。

1）动态偏差在浮充运行初期较大。实际上，刚出厂的蓄电池可能是因为部分电池处于电解液饱和状态而影响了氧复合反应的进行，从而使浮充电压过高，电解液饱和的电池会因不断的充电使水分解而“自动调整”至非饱和状态，6 个月后端电压偏差逐渐减小。在此期间，应对蓄电池的浮充电压加强巡视检查，观察其浮充电压的分散性有无加大的趋势。

2）摘除故障电池，对蓄电池组进行重新组合。

3）蓄电池超过了规定的存放时间，且未按规定在存放期进行补充电导致的浮充电压的分散性问题，应按要求进行全容量反复充放 2～3 次，使蓄电池恢复容量，减小电压的偏差值。

4）若动态偏差是产品质量问题，应更换不合格产品。

3. 核对性放电预测蓄电池的使用寿命

DL/T 724—2021 中规定，新安装或大修后的阀控蓄电池组，应进行全容量核对性放电试验，以后每 2 年至少进行一次核对性试验，运行了 4 年以后的阀控蓄电池，应每年做一次容量核对性放电试验。

长期按浮充电方式运行的阀控式密封铅酸蓄电池，从每一块电池的端电压来判断电池的现有容量、内部是否失水和干裂是很难的，可靠的方法是通过核对性放电找出电池存在的问题，判断电池的现有容量。

无论是在线还是离线进行检测，都必须设置备用电源作为防范措施，以保证备用电源安全。其方法是蓄电池组脱离运行，以规定的电流恒流放电，只要其中各单体电池放到规定的终止电压，应停止放电，按放电流与放电时间的积计算出蓄电池组的实际容量。

4. 用测内阻的方法预测阀控式密封铅酸蓄电池的性能

目前，检测阀控式密封铅酸蓄电池性能的方法有核对性放电法（即负载测试法）和内阻测试法两种。核对性放电法是检验蓄电池性能最可靠的方法，可对蓄电池系统进行 100％的全面检查，同时能区分出蓄电池及外部设备的各种问题，其不足之处是充放电时间较长，运行操作较为麻烦，同时也存在因核对性放电，蓄电池放出部分容量，此时若发生系统故障，则有因蓄电池组容量不能满足事故负荷的需要而扩大系统事故的可能。

内阻测试法是一种新的测试手段，通过测量蓄电池的内阻来确定蓄电池的状态，被证明是一种非常可靠的方法，同时也是核对性放电法的廉价补偿或替代手段。阀控式密封铅酸蓄电池充、放电时，蓄电池的阻抗和蓄电池的内阻有对应的关联性，内阻大，蓄电池的阻抗也必然大。因此，蓄电池的内阻是由多种因素构成的动态电阻。

阀控式密封铅酸蓄电池的内阻与其容量有关，因此，可以用来检测蓄电池的放电性能；但蓄电池的内阻与容量的关系不是线性的，因此，蓄电池的内阻不能用来表示蓄电池的容量，但可以作为蓄电池性能好坏的指示信号。实验表明，如果单体阀控式密封铅酸蓄电池的内阻增加到一个经验数值，这个阀控式密封铅酸蓄电池就不能放出应有的容量了，据此可以检查出故障蓄电池。

以下几种故障都会使蓄电池内阻增大：①正极板栅和负极连接条的腐蚀会使蓄电池的金属通道减少，金属电阻增大，使蓄电池的内阻增大；②板栅增长与腐蚀和蓄电池的老化有关，板栅增长会使有效物质（涂膏）与板栅松动，同样导致金属电阻增大，使蓄电池的内阻增大；③由于负极板一部分有效物质转化为硫酸铅，涂膏的电阻增大会使蓄电池的内阻增大；④干涸是阀控式密封铅酸蓄电池所特有的最严重的故障，干涸将使相邻板栅导电通道电阻增大；⑤阀控式密封铅酸蓄电池生产制造方面的缺陷，如焊接和涂膏方面的问题，也会引起较高的金属电阻。

因此，根据阀控式密封铅酸蓄电池的内阻变化反应蓄电池性能的部分问题，这些问题可以分成金属电阻和化学电阻两类。金属电阻问题不但可能引起阀控式密封铅酸蓄电池容量的减少，还会造成蓄电池端电压下降，甚至造成供电中断。电化学电阻也会使蓄电池容量减小，但由于电化学电阻只占蓄电池内阻的一小部分，因此，只有当电化学电阻变得很大时，才会显著影响阀控式密封铅酸蓄电池的性能。

图 4-2 所示为金属电阻问题和电化学电阻问题对电池容量的影响。曲线 1 是具有 100%容量的“健康”电池的放电曲线，放电开始时，由于放电电流在电池内阻上产生压降，电池端电压从开路电压突然降低到较低的数值，接着经历了电压衰减和恢复过程，稳定后电压缓慢下降。当电压下降到终止电压时，放出了 100%的容量。曲线 2 是金属电阻较高的同型号电池以相同放电率放电的放电曲线，曲线 2 从放电开始就比曲线 1 低并一直持续到放电终止，图中清楚地表明由于金属电阻引起的电池容量的下降。曲线 3 是具有电化学电阻问题的电池的放电曲线，在放电初期，由于电化学电阻引起的容量下降不那么明显，随着放电的继续，容量的下

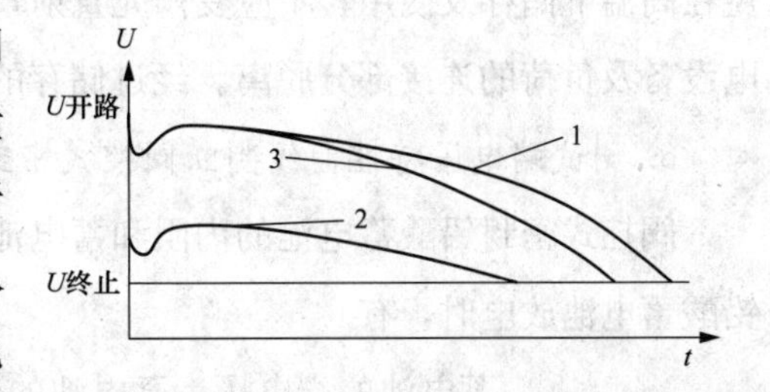

图 4-2 电池内阻增大对电池性能的影响

降就显著增加。从图中可以看出，无论存在金属电阻问题或电化学电阻问题电池，当其端电压下降到终止电压时，放出的容量都没有达到100%，电池内阻和或放电电流越大，电池的额定容量与实际容量的差值越大。

阀控式密封铅酸蓄电池的内阻和极板、隔膜和装配工艺等有关，各个制造厂的内阻都有差异，内阻测试方法也不一样，所以内阻测试结果与短路电流的计算应参考制造厂所提供的内阻参数。内阻估算时，可按电池每安时平均内阻131～132mΩ考虑。

阀控式密封铅酸蓄电池的欧姆内阻比一般防酸蓄电池小，1000Ah电池充足电以后，前者比电阻率为1.38Ω·cm，后者比电阻率为2.137Ω·cm，内阻增大约2倍。

5. 及时排除阀控式密封铅酸蓄电池组的运行及维护中的故障隐患

正常运行时，值班人员应定期对蓄电池运行情况进行巡视检查，发现问题及时处理，将故障隐患消灭在萌芽状态。检查内容如下。

(1) 直流母线电压、蓄电池的单体电压应正常，绝缘良好，浮充电压应符合要求。

(2) 母线，极柱等各连接头应牢固，应无腐蚀、发热，并涂有电力复合脂。

(3) 检查安全排气阀是否完好，电池壳体有无发热、变形、破损、渗漏，极柱与安全阀周围是否有酸雾溢出。

(4) 蓄电池室应通风良好，无强烈气味，室温应保持在5～30℃，若环境温度超过要求范围，应采取保温措施。

(5) 阀控式密封铅酸蓄电池的温度补偿系数受环境温度影响，基准温度为25℃时，每下降或升高1℃，单体2V阀控式密封铅酸蓄电池浮充电压值应提高或降低3～5mV。

(6) 对于暂时储存不用的蓄电池，在储存过程中，每隔3个月左右应给蓄电池补充电一次，其充电方法同循环充电方法一样。蓄电池应储存于清洁、通风良好、干燥的环境中，避免在高温下储存及使用，不应受阳光直射，要远离热源。同时，务必将储存的蓄电池组与充电设备及负荷的连接部分脱离。经过储存的蓄电池必须经过充电后方可投入使用。

6. 测试端电压特性曲线判断阀控式密封铅酸蓄电池运行是否正常

阀控式密封铅酸蓄电池的内阻和蓄电池组充放电时的端电压存在关联关系。阀控式密封铅酸蓄电池放电时，有

$$蓄电池的端电压=蓄电池的化学电动势-蓄电池两端的电压降 \tag{4-2}$$

端电压低，说明蓄电池的阻抗大，内阻也大，蓄电池的容量小，反之亦然。

阀控式密封铅酸蓄电池充电时，有

$$蓄电池的端电压=蓄电池的化学电动势+蓄电池两端的电压降 \tag{4-3}$$

端电压高，说明蓄电池的阻抗大，内阻也大，蓄电池的容量小，反之亦然。对于一块良好的阀控式密封铅酸蓄电池，其充、放电的各个端电压特性曲线必然是均匀、一致的。因

此，通过测试端电压特性曲线可以判断阀控式密封铅酸蓄电池运行是否正常。

测试阀控式密封铅酸蓄电池端电压特性曲线，是在已经实施动力设备及环境集中监控的电源系统中，通过蓄电池组的短时间放电，由环境集中监控系统来自动记录蓄电池端电压特性曲线，然后根据蓄电池的端电压特性曲线来分析判断蓄电池运行是否正常。

测试阀控式密封铅酸蓄电池端电压特性曲线的方法有：①在已经实施动力设备及环境集中监控的电源系统中，短时间停用充电设备，蓄电池组向直流系统供电，由环境集中监控系统来自动记录蓄电池端电压特性曲线；②利用蓄电池容量测试仪对阀控式密封铅酸蓄电池组进行约15min短时间的在线放电检测，根据端电压特性曲线确定落后蓄电池，并预测蓄电池的容量。利用蓄电池容量测试仪的检测方法和动力设备及环境集中监控系统的检测原理一样，都是利用了阀控式密封铅酸蓄电池充放时端电压与阀控式密封铅酸蓄电池内阻的关联性。不同的是，蓄电池容量测试仪在软件上预加了正常阀控式密封铅酸蓄电池的端电压特性曲线，通过对照可以算出蓄电池的容量。

利用动力设备及环境集中监控系统和蓄电池容量测试仪，通过对阀控式密封铅酸蓄电池在线短时间放电检测，可以判断出故障蓄电池。利用蓄电池容量测试仪还可以较准确地预测出蓄电池的容量。但是，阀控式密封铅酸蓄电池（尤其是使用年限较长的阀控式密封铅酸蓄电池）大电流深度充、放电的过程有可能不是完全可逆的。通过单纯的短时间放电来检测阀控式密封铅酸蓄电池容量的方法，并不能完全正确地反映阀控式密封铅酸蓄电池组的实际容量。

第三节　蓄电池退役及报废

一、蓄电池退役及报废标准

电力行业中，一般以蓄电池完全充电后在25±2℃的环境下用 I_{10} 电流恒流放电至规定电压，放电容量＜0.8额定容量即退役更换。根据《直流电源系统技术监督导则》（Q/GDW 11078—2013），变电站直流电源中使用的蓄电池退役条件为：①蓄电池组在3次充放电循环内，容量达不到额定容量的80%；②蓄电池漏液、爬碱等异常蓄电池数量达到整组数量的20%及以上；③运行4年及以上的阀控蓄电池组，核对性放电一次后，在浮充电状态下（25℃），单体电压偏差值超过规定（标称电压为2V的阀控蓄电池单体电压偏差值不超过±0.05V，6V的不超过±0.15V，12V的不超过±0.3V）的蓄电池数量达到整组数量10%及以上。

从变电站中退役的蓄电池目前并无明确的报废处理标准，国家电网有限公司依据《中华人民共和国固体废物污染环境防治法》等法律法规，在确保满足当地环保有关规定要求的前提下，选择经本单位环保管理部门认可、具备相关资质的企业或机构，采取平台竞价、框架协议等方式回收处理。回收技术规范可参考《废铅酸蓄电池回收技术规范》（GB/T 37281—

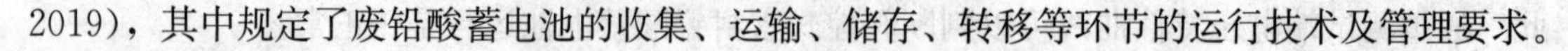

2019)，其中规定了废铅酸蓄电池的收集、运输、储存、转移等环节的运行技术及管理要求。

1. 收集

(1) 废电池的鉴别与分类。废电池应处于独立状态，带有连接线（条）的应将连接线（条）拆除。废电池应按以下方法进行鉴别和分类。

1) 铅酸蓄电池的鉴别。按废电池外壳上的回收标志鉴别或确认为铅酸蓄电池。额定电压通常为 2 的倍数，如 2、6、12V 等。

2) 完整废电池和破损废电池的鉴别。目测法检查电池外观，无外壳破损、端子破裂和电解液渗漏的为完整废电池；若存在外壳破损、端子破裂或电解液泄漏问题的应鉴定为破损废电池。

(2) 废电池的存储。暂时储存要具有独立的集中场地和足够的储存空间，应按《环境保护图形标志固体废物贮存（处置）场》(GB 15562.2—1995) 的规定设立警示标志，禁止非专业工作人员进入。地面应进行耐酸防渗处理。应配备相应的废电池存放装置、耐酸塑料容器以及用于收集废酸的装置。应防雨，配备防火设施并设置防火标志。作业人员应配备耐酸工作服、专用眼镜、耐酸手套等个人防护装备。完整废电池应分类按区域正立（端子朝上）、有序地存放在耐酸装置上，并做好标识。防止正负极短路。破损废电池应装入耐酸的塑料容器内单独存放，并按照《危险废物贮存污染控制标准》(GB 18597—2023) 的要求粘贴危险废物标签。应有完整的出入库记录、台账等资料，并至少保存 1 年。禁止擅自倾倒电解液，拆解、破碎、丢弃废电池。储存量不应超过 10t。

2. 运输

废电池运输单位应制定详细的运输方案及路线，制定事故应急预案并配备事故应急及个人防护设备和物品。运输车辆应做简单防腐防渗处理，配备耐酸存储容器。运输前完整电池应在托盘上码放整齐，并用塑料薄膜包装完善，破损废电池及电解液应单独存放在耐酸存储容器中，不得混装。装卸废电池过程中，应轻搬轻放，严禁摔掷、翻滚、重压。

3. 储存

储存场所应按照《危险废物贮存污染控制标准》(GB 18597—2023) 的有关要求建设和管理。储存场所应选择在城市工业地块内，并符合当地环境保护和区域发展规划；新建的集中储存场所建设项目应通过环境影响评价。储存规模应与储存场所的容量相匹配，储存场所面积应不小于 $500m^2$，废电池储存时间不应超过 1 年。应按《环境保护图形标志固体废物贮存（处置）场》(GB 15562.2—1995) 的规定设立警示标志，禁止非专业工作人员进入。储存场所应划分装卸区、暂存区、完整废电池存放区和破损废电池存放区，并做好标识。储存场所应有废水收集系统，以便对搬运过程废电池溢出的液体进行收集。储存单位应按照最新版《危险废物经营许可证管理办法》的规定取得《国家危险废物名录》代码为 HW49 (900-

044-49）的废铅酸蓄电池类危险废物经营许可证。应有符合国家环境保护标准或者技术规范要求的包装工具，暂存和集中储存设施、设备。应制定废电池集中储存管理办法、操作规程、污染防治措施、事故应急救援措施等相关制度和办法。

作业人员应配备耐酸工作服、专用眼镜、耐酸手套等个人防护装备。运输的废电池应先进入装卸区，采用叉车进行装卸，然后由叉车运至地磅计量称重，称重后经叉车运入暂存区，然后对废电池状态进行检查，并做好记录。对检查完毕的废电池进行分类存放，码放整齐。收集的溢出液体应运至酸性电解液的处理站，不得自行处置。禁止擅自倾倒电解液，拆解、破碎、丢弃废电池。储存标志、储存记录、安全防护和污染控制等内容参照《电池废料贮运规范》（GB/T 26493—2011）有关规定执行，储存记录至少保存 3 年。储存场所应配有准确称量设施，并定期校准。储存场所的进出口处、地磅及磅秤安置处等应设置必要的监控设备，录像资料应至少保存 3 个月。

4. 转移

废电池转移过程应采用符合《道路运输危险货物车辆标志》（GB 13392—2005）、《危险货物运输车辆结构要求》（GB 21668—2008）要求的危险货物车辆运输，并应严格按照最新版《危险废物转移联单管理办法》的相关要求执行。

二、蓄电池资源化回收技术

退役电池铅酸蓄电池，指的是部分蓄电池不满足继续运行条件，但仍有部分蓄电池性能可以满足使用需求，可深入探索与电池综合性能相配合的应用场景、新型的多途径综合利用模式，降低运营成本的同时实现废物的减量化。在蓄电池性能极差，不满足梯次利用时，按照标准进行回收，将铅酸蓄电池进行拆解后分类、极板回炉、塑料回收、生成原材料等。

蓄电池资源化回收流程如图 4-3 所示，将所有退役蓄电池进行初步筛选分类，分选标准依据《铅酸蓄电池二次利用　第 2 部分：电池评价分级及成组技术规范》（T/CEC 131. 2—2016）。

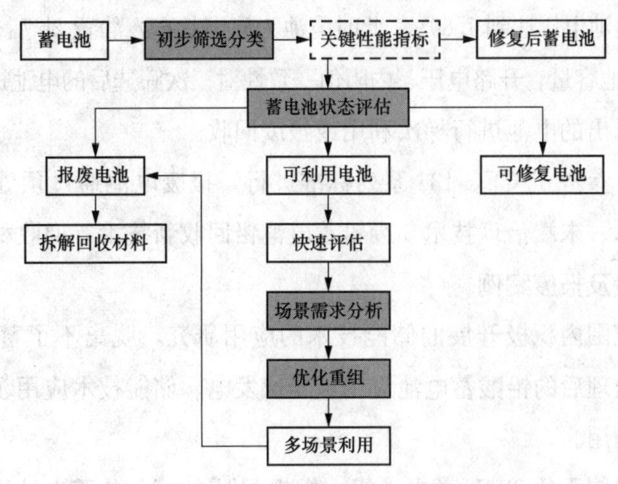

图 4-3　蓄电池资源化回收流程

1. 外观检查

分别检查每类电池的外观，根据外观标准对每类电池进行初次筛选，将不符合外观和尺寸要求的电池进行报废回收处理，符合要求的电池进行容量测试及二次筛选。

外观合格的电池需符合以下要求：外观不得有±1%以上尺寸变形、裂纹、划痕、酸液，电池标识信息及生产铭牌信息需清晰可见。

2. 容量测试、筛选

容量测试前，电池应进行完全充电。将完全充电的电池在充电结束后1～24h内，用I_{10}电流放电，电池周围温度保持在25℃±5℃范围内。在放电时间内电流值的变化应不大于1%，放电过程中每隔1h记录一次电池电压；每隔2h记录一次电池周围温度。当电池单体电压达到1.90V时，每隔5min记录一次电压和温度；当电池单体电压达到1.80V时，停止放电并记录放电时间和周围温度，并换算为标准温度25℃时的容量。

根据电池容量对电池进行分级，应符合以下标准：二次利用电池初始容量低于额定容量的60%的电池分级为低容量电池；二次利用电池初始容量为额定容量的60%～75%的电池分级为容量基本合格电池；二次利用电池初始容量为额定容量的75%～90%的电池分级为中等容量电池；二次利用电池初始容量不低于额定容量的90%的电池分级为高容量电池。

低容量电池做报废回收处理；其他电池再进行开路电压测试和三次筛选。

3. 开路电压测试、筛选

在25℃±5℃环境中，电池完全充电后静置24h，用电压表测量电池的极柱根部，测得开路电压。根据开路电压对电池进行分级，单体电池开路电压低于1.80V的电池为低电压电池，做报废回收处理，其他电池再进行分类处理。

4. 内阻测试、分类

电池周围温度保持在25℃±5℃之间，将经过三次筛选后的电池以I_{10}电流充满电，然后以I_{10}电流放电至单体电池电压达到1.80V。此时电池为放空状态，静置2h后，用内阻仪测试此时的电池内阻。依据电池容量、开路电压、内阻值一致性对三次筛选后的电池进行分类使用。

按照此标准分选出的电池进行梯次利用或报废回收。

梯次利用电池可参考T/CEC 131系列标准进行，报废电池通过预处理技术、火法熔炼技术、湿法冶炼技术、末端治理技术、废铅蓄电池铅回收新技术等回收材料。

三、蓄电池退役及报废案例

目前，在世界范围内积极开展的储能技术的应用研究，脱离不了蓄电池作为储能的载体。将经修复再生处理后的铅酸蓄电池应用于光伏发电、储能技术应用领域，可以最大发挥铅酸蓄电池的梯次利用。

如电力系统常规使用的220V蓄电池组，常规配置300Ah的蓄电池组。假设蓄电池组的容量是标称容量的70%，即蓄电池还具备200Ah以上的容量。按0.1C蓄电池标准的充放电容量要求，这个蓄电池组还可以实现$P=UI=220\times20=4400$（W）的功率，具备每天$W=PT=4400\times10=44$（kWh）的储能能力；而一个4400W的储能系统，已经满足绝大部分家庭储能项目的需要。

行业标准推荐的修复液修复法修复费用一般为新电池的30%以内，修复后的后备电池寿命按3年计算，以汤浅2V 300Ah的新电池为例，新采购的电池为700元左右，在储能电站以50%容量浅充浅放的方式使用，则每天2次充放电能够放出1kWh。以用电高峰期和低谷期电价差平均约0.6元计算，1块汤浅2V 300Ah的铅酸蓄电池在使用寿命器件能够产生的经济价值为$0.6\times(3\times365)-700\times0.3=447$（元），综上所述，修复后的铅酸蓄电池在储能系统的应用的可行性是充分的。

另外，按照目前国家对家庭储能项目的支持政策，再结合光伏发电进行应用。收益体现在光伏发电和家庭储能两部分。光伏发电部分，按照家庭平均太阳能板面积为100m^2，按现在的技术水平，搭建4500W的家庭光伏发电系统绰绰有余，按照中国中部地区太阳能发电的能力，每天按10h的发电时间计算，每年按250天可发电计算，年平均发电为$(4500\times10/1000)\times250=11250$（kWh）。家庭储能部分，在夜间电价便宜时（0：00—8：00），也可以把电网工业用电的电储存在蓄电池组上，在白天用电高峰，则把蓄电池储能释放到电网，4500W可存储月均发电量为$(4500\times8/1000)\times365=13140$（kWh），当然，在白天无阳光的情况下，也可进行充放电两个循环来获得更多电量，这部分暂时不计算。

本节着重介绍可二次利用的铅酸蓄电池在家庭光伏发电储能、家庭储能、储能电站这3个场景的应用。

1. 家庭光伏发电储能应用

光伏发电是当今世界利用太阳能最主要的一种方式。面对当今全球面临的严重化石能源危机和环境危机，光伏发电从资源可持续性和环境友好这两个角度都具有显而易见的优势，作为全球新兴行业的一个重要代表，长期来看具有广阔发展前景，吸引着大量企业参与和投资。目前国内光伏发电建设一直靠国家补贴在缓慢发展，成本高的问题一直未根本解决，而将报废的蓄电池应用到光伏发电中，其成本将大幅降低。

如图4-4所示，光伏发电系统由太阳能电池光伏板、蓄电池组、充放电机、逆变并网放电系统、太阳能跟踪控制系统等设备组成。

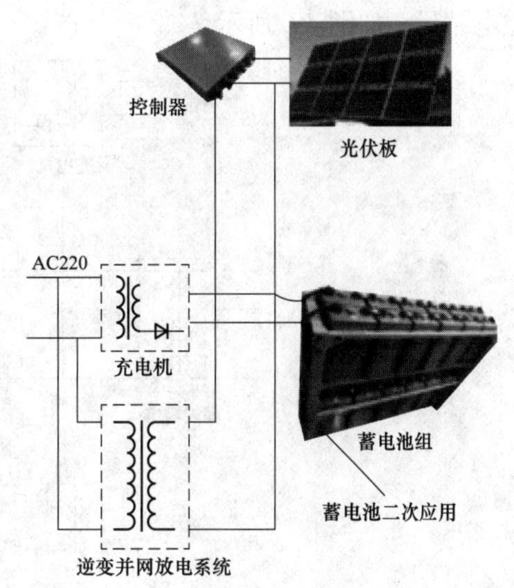

图4-4 家庭光伏与储能应用

太阳能电池发电对所用蓄电池组的基本要求有：①自放电率低；②使用寿命长；③深放电能力强；④充电效率高；⑤少维护或免维护；⑥工作温度范围宽；⑦价格低廉。

在当前的条件下，如果使用新的蓄电池，成本低廉这个特点是难以得到满足的，但结合科学电池修复技术提前报废的电池则不然，其价格低廉的特质将为光伏发电系统的真正落地推广推进一大步。

2. 家庭储能应用

家庭储能系统储能的意义之一在于在用电低谷时向电池组充电储能，用电高峰期时电池组放电回馈电网，对电网进行局部错峰调谷，均衡用电负荷。与电网级的储能应用相比，家庭储能系统更类似于不受城市供电压力影响的家庭微型电网中的微型储能电站，可为家庭用户节省开支。此外，太阳能和风能等可再生能源会受到天气影响，一旦发生意外难以持续为用户续航，储能系统则可以持续稳定地给家庭用户提供能源供应。家庭储能应用如图 4-5 所示。

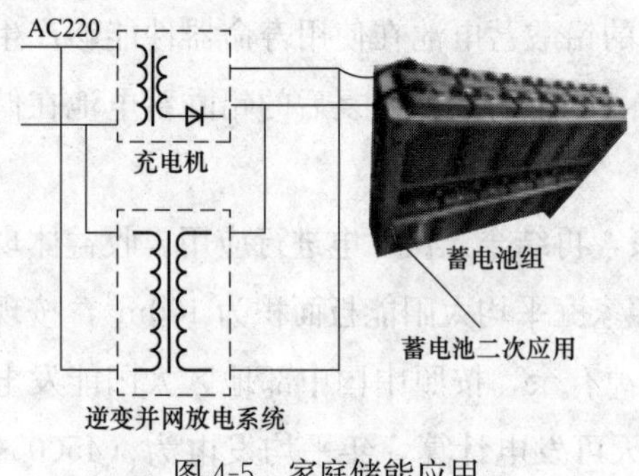

图 4-5　家庭储能应用

如果采用电力系统报废的电池作为储能设备，那么家庭储能系统的成本也可以大幅下降，使用寿命尚可，充电效率相对较高，基本不用维护，可将电池的作用发挥到极致。

3. 储能电站应用

为解决用电高峰无电可用，低峰用电率低的问题，国内外已有大量的人员在建设储能电站。现有的储能电站大致可以分为物理储能、化学储能、电磁储能 3 种。其中化学储能方式对于周围的要求是最低的，而铅酸蓄电池又是作为化学储能中应用最广的一种储能设备，储能电站示意如图 4-6 所示。

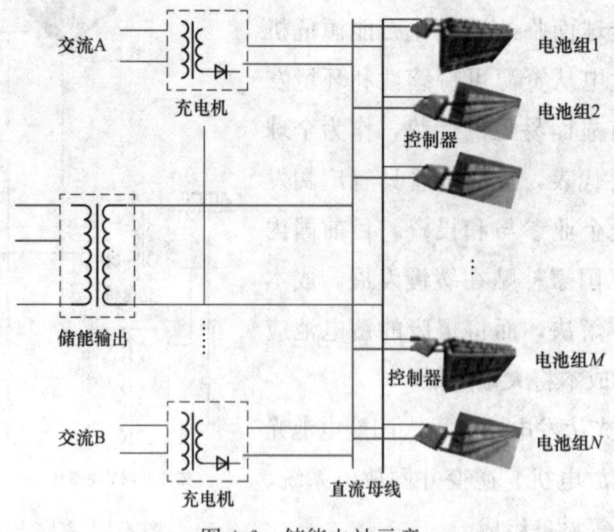

图 4-6　储能电站示意

目前的技术水平为直接使用新的蓄电池，成本居高不下，从而导致储能的意义不大，如果能把成本降低，那建设这类储能电站才有真正的意义。如果将电力系统报废的电池应用到图 4-6 的架构中，再配合科学的电池修复技术，成本会大幅度降低。

第四节 监督实例

【案例 4-1】运维检修阶段蓄电池故障导致的变电站全站失压

1. 事故情况简介

某 220kV 变电站直流电源系统采用“两电三充”配置，配置 2 组蓄电池，104 块/每组，容量 300A·h/每组，两组蓄电池为浮充运行方式。因雷击，该 220kV 变电站的 110kV 两段母线相继发生三相故障，导致 10kV 电压下降，直流充电装置退出运行。110kV 侧母线保护动作，但因蓄电池异常，使直流电源不稳定，造成站内多个 110kV 断路器未跳开。现场对故障蓄电池进行解体检查，如图 4-7 所示。

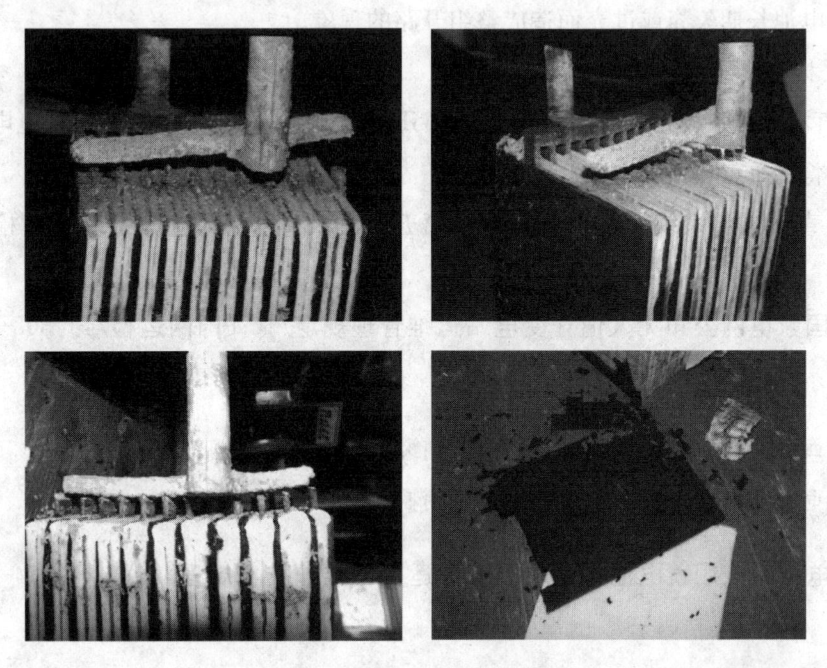

图 4-7 蓄电池解体检查

由图可见，第一组中电压较差的电池 38、81 号及 99 号电池都出现负极汇流排与部分极耳连接位置严重腐蚀呈海绵状甚至脱离的情况。81 号电池正极有 11 片跟汇流排连接，负极有 12 片跟汇流排连接。负极汇流排与负极极耳连接处腐蚀严重，直接导致大部分负极极耳与负极汇流排脱离。据此解剖分析，该 220kV 变电站发生故障后蓄电池在供电期间，蓄电池内部腐蚀严重，性能降低，导致直流电压降低。

2. 问题原因分析

该变电站违反了运维检修阶段有关监督要求，未按要求对变电站直流电源蓄电池组开展定期例行巡视、专业巡视、日常维护及检修试验，未能及时发现蓄电池缺陷及故障，造成该220kV变电站全站失压。事后及时对2组蓄电池进行了整组更换，并对变电站直流电源蓄电池组定期开展例行巡视、专业巡视、日常维护及检修试验，以便及时发现蓄电池缺陷及故障，有效防范因直流电源系统蓄电池故障导致的扩大事故。

3. 事故防范措施

按照技术监督要求，在运维检修阶段对变电站直流电源蓄电池组定期开展例行巡视、专业巡视、日常维护及检修试验。严格按要求定期对蓄电池组进行核对性充放电试验和内阻测试，并永久保存试验结果和历史试验数据，并对电压异常或内阻偏高的落后电池单体及运行5年以上的蓄电池组进行重点关注，认真分析其核对性充放电试验和内阻测试的历史数据。对于长期浮充备用的电池组，应设置合理的充电电压，保持适当的环境温度，有条件的建议每年对电池组进行一次均衡充电与放电，以保证其电压的一致性及其内部活性物质的活性，防止因少数电池长期欠充或过充而造成整组开路的现象。

4. 相关标准规范

(1)《直流电源系统技术监督导则》(Q/GDW 11078—2013) 中表5“直流电源类设备运维技术监督的重点项目和内容”。

(2)《直流电源系统设备检修规范》第五章的表1“直流电源系统设备检测项目及要求”。

(3)《国家电网公司无人值守变电站运维管理规定》(〔国网运检/4〕302—2014) 中规定：

第六十四条　日常维护工作应包括以下内容：

单个蓄电池电压测量每月1次；蓄电池内阻测试每年1次；

(4)《电力系统用蓄电池直流电源装置运行与维护技术规程》(DL/T 724—2021) 中规定：

7.4.1　阀控蓄电池的核对性放电

发电厂或变电站中若具有两组阀控蓄电池，可先对其中一组蓄电池按照5.3.1的容量测量方法进行全容量核对性放电，完成后再对另一组进行全容量核对性放电。当蓄电池组中任一块蓄电池端电压下降到放电终止电压值时应立即停止放电，隔1～2h后，再用 I_0 电流进行恒流限压充电—恒压充电—浮充电。必要时可反复2～3次，蓄电池存在的问题也能查出，容量也能得到恢复。若经过3次全容量核对性放充电蓄电池组容量均达不到额定容量的

80%以上，可认为此组阀控蓄电池使用年限已到，应安排更换。

(5)《国家电网公司十八项电网重大反事故措施（修订版）》(国家电网设备〔2018〕979号）中规定：

新安装的阀控密封蓄电池组，应进行全核对性放电试验。以后每隔2年进行1次核对性放电试验。运行了4年以后的蓄电池组，每年做1次核对性放电试验。

【案例4-2】运维检修阶段变电站蓄电池异常运行造成燃毁故障

1. 事故情况简介

某66kV变电站发生一起蓄电池燃毁故障。事故发生时，安全保卫人员闻到一股烟熏味道并听到有火灾报警的声音，变电站主控室及保护室室内有大量浓烟，运维人员到达现场协助消防人员进行灭火，检查发现保护室内东北角1、2号蓄电池组屏柜顶层及中层的蓄电池着火，此时，蓄电池组所有电池已烧损，充电装置故障停止运行。该站直流电源系统操作电压为DC220V，系统接线采用单母分段接线运行方式，配置1组蓄电池，108块，容量150Ah；配置1组充电装置。现场检查情况如下。

(1) 外观检查情况。事故现场两个屏柜内108块蓄电池组已经烧损无法使用，如图4-8所示。蓄电池直流屏底层未被完全损毁的电池如图4-9所示。

图4-8 事故现场2个蓄电池直流屏烧损

图4-9 蓄电池直流屏底层未被完全损毁的电池

(2) 试验检测情况。检查发现蓄电池组已烧毁，全站直流电源停运，操作电源、保护装置等直流失压。

2. 问题原因分析

(1) 导致蓄电池组着火直接原因。在正常使用时，有两种情况下固定型阀控式有可能着火：①电池极柱大量漏酸，电解液滴到其他电池或设备上，正负极之间形成回路，短路引起燃烧；②电池短路，内部电流过大，阀控关闭不严，引起燃烧。从图4-9中得知，与上面两层电池相比，地面最近的下层蓄电池烧损情况较轻。着火部位主要是从蓄电池直流屏屏柜的上、中层蓄电池开始燃烧，电解液流淌到下层蓄电池随之短路着火（蓄电池组分上、中、下三层布置）。

（2）现场调查分析。

1）据现场实地考察该站，其冬季保护室内环境温度低于20℃，达不到厂家技术使用手册要求的20～25℃，只有在设计最佳条件附加合格的浮充电电压下才能达到电池设计寿命为10～15年。厂家技术使用手册相关资料如图4-10所示。

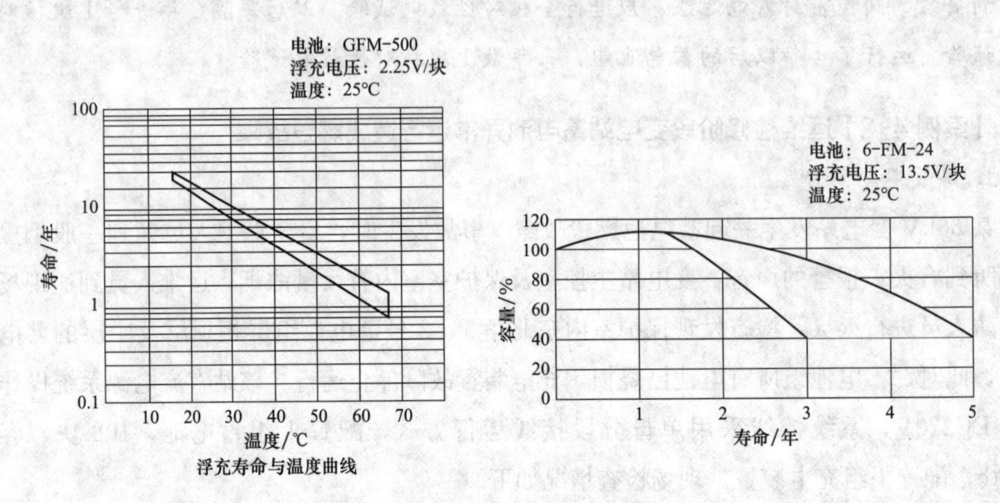

图4-10　厂家技术使用手册相关资料

从上述内容可知，环境温度符合5～35℃，一般设备运行温度，达不到阀控式蓄电池基准温度25℃，由厂家浮充寿命与温度曲线得知低于20℃（常年恒温）能运行10年，按设计寿命来看并未超期服役。

2）从班组记录中得知，2012年07月02日和2013年11月22日描述无异常情况，两年内均没有100%核对性充放电试验记录等相关材料作为有效支撑数据。

图4-11　该站存在问题的蓄电池组

3）现场发现，电池极柱、连接片被酸腐蚀、变形较严重，电池有47、49、64、106、107号。该站存在问题的蓄电池组如图4-11所示。

从现场调查分析，蓄电池组存在电池极柱、连片被酸腐蚀，导致蓄电池极柱根部变形；蓄电池外壳、阀控部分严密，蓄电池内部化学反应产生的气体，使压力升高，电解液从极柱中泄流出来的问题。根据厂家资料，电池内部采用超细玻璃纤维隔板，在无游离酸的情况下，可使氧气内部循环再复合，避免气体排出。

4）现场调查结论。

a. 2014年4月11日发现有5块电池为0V，采取了紧急补救措施，这说明整组蓄电池已经存在质量隐患。

b. 2014 年 11 月 3 日放电试验中，仅仅 12 分钟 29 号电池电压很快下降到终止电压值。原因是蓄电池内部失水干涸、电解物变质。

5）游离态电解液泄漏原因。游离态电解液泄漏原因是被吸附的电解液不再被纤维玻璃隔板隔膜吸附，游离态电解液过多，在蓄电池内部产生“富液”。设计的电解液注入量虽然没有超过玻璃纤维隔膜的最大理论吸附能力，但是，由于阀控式密封铅酸蓄电池装配为紧装配，装配完成后，极板和外壳会对玻璃纤维隔膜产生挤压作用，玻璃纤维隔膜所受压力越大，压缩比越大，其吸附电解液的能力越小，详见表 4-1，从而造成其最终实际吸附的电解液量小于其最大理论吸附量，使得注入的电解液不能被完全吸附，造成蓄电池内部出现“富液”。

表 4-1　　　　玻璃纤维隔膜压缩比对吸酸量的影响

压缩比（%）	吸酸量/g	压缩比（%）	吸酸量/g
10	18.78	40	12.12
20	16.56	50	9.89
30	14.34	—	—

6）化学方程式。

正极：　$PbSO_4+2H_2O$　（充放电）　$PbO_2+H_2SO_4+2H++2e$

正极副反应：$H_2O \longrightarrow$（充电）$1/2O_2\uparrow+2H++2e$

负极：　$PbSO_4+2H+$　（充放电）　$Pb+H_2SO_4$

负极副反应：$2H+2\bar{e} \longrightarrow$　（充电）　$H_2\uparrow$

因此，当蓄电池内部出现短路现象时，大电流放电发热的同时生成水，方程式为：

$$H_2O+1/2O_2\uparrow+H_2\uparrow \text{（充电）} H_2O\uparrow$$

$$Pb+PbO_2+2H_2SO_4 \longrightarrow 2PbSO_4+2H_2O$$

7）分析结论。经上述分析得知，蓄电池内部产生了多余的液体，从而使蓄电池极柱漏酸，电解液滴到其他蓄电池或设备上，正、负极之间形成回路，短路引起蓄电池燃烧。

3. 事故防范措施

（1）故障处理。

1）立即对该站事故现场进行清理维修，更换安装新蓄电池组。

2）对其他变电站同型号蓄电池进行抽样解体检查，如有发现极板严重腐蚀的情况，立即整组更换。

3）进一步加强蓄电池的巡视和检查。定期开展蓄电池动态充放电试验，并记录充放电后蓄电池电压和电阻情况。

4）将事故蓄电池质量问题专题上报省公司运维部和物资部。

（2）防范措施。通过对该站事故分析，对变电站蓄电池运行维护总结如下经验。

1）固定型阀控式蓄电池在有条件的无人变电站内尽量安装在专用蓄电池室内，环境温度应满足蓄电池厂家技术规范运行。

2）现有公司管理体制造成技改更换新设备时间较长，从而发生蓄电池带病运行现象较为严重。

3）招投标蓄电池厂家虽然有相关符合资质，但在选择蓄电池容量、型号等设计、招标时没有查验其所选容量、型号的销售量及保有率，厂家已停止生产，造成备件短缺。

4）蓄电池组核对性充放电试验在 2014 年后外委实施，在此之前没有严格遵照规定（DL/T 724 及省公司运行与维护管理规定）进行按期试验、检查、更换带病电池。

5）为了防范以后再出现类似事件，提出以下整改措施：①尽快将不符合条件的其他类同变电站蓄电池进行更换，如果有实际困难，可以分步进行；②加强人力资源配置，加强定期员工对科普教育培训，加强检修队伍技术能力；③在远期技改方案中，利用各个变电站内网互联网，将蓄电池组在线运行数据通过变电站管理后台服务器远传到管理班组，实施在线生成数据；④每日有报告，以利于监控检查，缩短巡检周期，节约人力资源。

4. 相关标准规范

1）《直流电源系统技术监督导则》（Q/GDW 11078—2013）中表 5“直流电源类设备运维技术监督的重点项目和内容”。

2）《直流电源系统设备检修规范》第五章的表 1“直流电源系统设备检测项目及要求”。

3）《国家电网公司无人值守变电站运维管理规定》（〔国网运检/4〕 302—2014）中规定：

第六十四条　日常维护工作应包括以下内容：

单个蓄电池电压测量每月 1 次；蓄电池内阻测试每年 1 次；

4）《电力系统用蓄电池直流电源装置运行与维护技术规程》（DL/T 724—2021）中规定：

7.4.1　阀控蓄电池的核对性放电

发电厂或变电站中若具有两组阀控蓄电池，可先对其中一组蓄电池按照 5.3.1 的容量测量方法进行全容量核对性放电，完成后再对另一组进行全容量核对性放电。当蓄电池组中任一块蓄电池端电压下降到放电终止电压值时应立即停止放电，隔 1h～2h 后，再用 Io 电流进行恒流限压充电—恒压充电—浮充电。必要时可反复 2 次～3 次，蓄电池存在的问题也能查出，容量也能得到恢复。若经过 3 次全容量核对性放充电蓄电池组容量均达不到额定容量的

80%以上，可认为此组阀控蓄电池使用年限已到，应安排更换。

5）《国家电网公司十八项电网重大反事故措施》（国家电网生〔2012〕352号）中规定：

新安装的阀控密封蓄电池组，应进行全核对性放电试验。以后每隔2年进行1次核对性放电试验。运行了4年以后的蓄电池组，每年做1次核对性放电试验。

【案例4-3】运维检修阶段110kV变电站蓄电池组燃烧事故

1. 事故情况简介

2007年5月29日凌晨03：22，某110kV变电站门卫值班员听见烟感装置动作报警，主控室有异常爆裂声，发现主控室内已有大量烟雾，无法进入；04：15运行人员佩戴防毒面具进入主控室，此时蓄电池整组烧毁，蓄电池柜、直流充电及馈线柜严重烧损，部分保护、测控屏受高温熏烤，全站直流电源消失。

该站直流电源系统操作电压为DC220V，直流电源系统接线采用单母线分段接线运行方式，配置1组蓄电池和1组充电装置。蓄电池个数18块，单块电池标称电压为12V，容量200Ah。

站内直流系统配置1组充电装置，并配备6台充电模块，输出至合闸母线，分别为蓄电池提供浮充电源、合闸母线提供电源。合闸母线电源通过自动降压硅链为控制母线提供电源。

正常运行状态下控制母线电压在225V，合闸母线电压242V。蓄电池组作为该站的备用直流电源，同时也作为35kV断路器、10kV断路器的合闸电源，分为35kVⅠ段合闸电源和35kVⅡ段合闸电源（并列点在35kV母线分段开关柜）、10kVⅠ段合闸电源和10kVⅡ段合闸电源（并列点在10kV母线分段开关柜）；控制母线为控制直流Ⅰ段、控制直流Ⅱ段。

现场检查情况如下。

（1）外观检查情况。该变电站现场直流电源系统充电设备和蓄电池组均已烧毁。

（2）试验检测情况。由于该站现场直流电源系统充电设备和蓄电池组均已烧毁，无法对其故障原因进行进一步的测试和分析。但从集控站后台直流电源历史数据收集到以下数据。

1）从集控站后台直流电源历史数据分析发现，该站直流母线电压自5月21日起大部分时间为252V，也就是说充电装置长时间处于均衡充电状态。

2）根据修试工区提供的该站蓄电池核对性充放电记录和运行单位提供的蓄电池浮充电压测试记录分析，该站部分电池容量已不足。在整组蓄电池中，各块蓄电池电压参差不齐，差异较大，有些蓄电池电压偏低，而有些蓄电池电压偏高。

2. 问题原因分析

由于变电站现场直流电源系统充电设备和蓄电池组均已烧毁，无法对其故障原因进行进一步的测试和分析，但从变电站和集控站对该站蓄电池和充电装置有关运行记录部分数据分析得出本次事故的原因如下。

(1) 该变电站自5月21日开始记录直流母线电压基本为252V（浮充电压设定为242V，均衡充电电压设定为252V)，也就是说明充电装置长时间处于均衡充电状态。这说明蓄电池状况已恶化。因为该充电装置均衡充电保护时间为12h，当超过保护时间12h后，充电装置由均衡充电转为浮充。由于蓄电池组个别电池状况已是不良（可从蓄电池两端电压和蓄电池核对性充放电记录可看出)，浮充充电电流很可能大于2A，这时充电装置又转为均衡充电。这样就形成了“蓄电池状况差→充电装置均衡充电12h→充电装置浮充→浮充充电电流大于2A→充电装置均衡充电12h→蓄电池状况更差→浮充充电电流大于2A→充电装置均衡充电12h……”的恶性循环。随着时间的推移，就会导致电池内部水分逐渐丢失，电池性能也逐渐恶化。由于充电装置没有判断蓄电池故障的功能，也未有蓄电池在线监测的功能，运行人员无法获悉充电装置工作状态并及时处理。因此蓄电池性能恶化，长期均衡充电是造成本次蓄电池故障的主要原因。

(2) 根据修试工区提供的该站蓄电池核对性充放电记录和运行单位提供的蓄电池浮充电压测试记录分析，该站的部分电池容量不足，在此情况下，由于充电装置长时间处于均衡充电状态，使蓄电池组严重过充，极有可能导致个别电池内部失水发热，发热积累到一定程度容易引起电池短路，处在均衡充电状态下的短路极易发生打火和燃烧事故，进而引起电池爆裂。从现场烧损电池形状分析，电池外表无明显鼓肚和内部变形，也符合这一推断。

(3) 该站未安装蓄电池和充电装置在线监测或状态监测设备，无法按照规程要求定期对蓄电池组进行必要的核对性容量测试和内阻测试，因此，运行和检修人员无法对数据进行系统分析，也无法及早发现问题。

3. 事故防范措施

(1) 故障处理情况。

1) 立即恢复该站的正常供电。要求调度所根据该地区供电公司提供恢复送电次序表，在6月1日前恢复重要用户线路供电，其余部分受损二次设备请调度所联系厂家购买备品，尽快恢复供电。修试工区尽快恢复变电站直流电源正常运行方式。

2) 调度所联系并落实设备带电除尘厂家，在近期对该站主控室设备进行一次全面带电除尘，改善设备运行环境。

3) 请该地区供电公司近期恢复该站的值班制度，并加强设备的运行巡视检查，一有异常情况，立即汇报有关部门。

4) 请各部门统计设备受损情况，并准备相关资料，做好保险理赔工作。

(2) 防范措施。

1) 从本次设备事故中可以看出运行单位对站用电源运行维护理解和掌握程度不够，应加强该方面的知识培训，完善防止变电站全停事故预案中交直流站用电源部分相关内容，提高运行人员技能水平和事故处理速度，发文再次明确变电站、站用交直流系统运行维护要求和缺陷管理制度。

2）加快蓄电池室改造力度，设置独立蓄电池室，并安装必要的空调装置。统计站用交直流电源及蓄电池组等设备的在线监测、维护设备安装情况，对同类事故设备进行排查，由生产处安排项目尽快改造。

3）从本次事故中应举一反三，要求各运行单位立即对所辖变电站进行全面的蓄电池组运行状况和性能质量、充电装置工作状态的检查，尽快在集控站端加入所辖变电站消防及烟感远方报警信号，完善变电站图像监控系统。

4）建议今后的变电站可配置蓄电池和充电装置在线监测或状态监测设备。

4. 相关标准规范

1）《直流电源系统技术监督导则》（Q/GDW 11078—2013）中表5“直流电源类设备运维技术监督的重点项目和内容”。

2）《直流电源系统设备检修规范》第五章的表1“直流电源系统设备检测项目及要求”。

3）《国家电网公司无人值守变电站运维管理规定》（〔国网运检/4〕302—2014）中规定：

第六十四条 日常维护工作应包括以下内容：

单个蓄电池电压测量每月1次；蓄电池内阻测试每年1次；

4）《电力系统用蓄电池直流电源装置运行与维护技术规程》（DL/T 724—2021）中规定：

7.4.1 阀控蓄电池的核对性放电

发电厂或变电站中若具有两组阀控蓄电池，可先对其中一组蓄电池按照5.3.1的容量测量方法进行全容量核对性放电，完成后再对另一组进行全容量核对性放电。当蓄电池组中任一块蓄电池端电压下降到放电终止电压值时应立即停止放电，隔1h～2h后，再用Io电流进行恒流限压充电—恒压充电—浮充电。必要时可反复2次～3次，蓄电池存在的问题也能查出，容量也能得到恢复。若经过3次全容量核对性放充电蓄电池组容量均达不到额定容量的80%以上，可认为此组阀控蓄电池使用年限已到，应安排更换。

5）《国家电网公司十八项电网重大反事故措施（修订版）》（国家电网设备〔2018〕979号）中规定：

新安装的阀控密封蓄电池组，应进行全核对性放电试验。以后每隔2年进行1次核对性放电试验。运行了4年以后的蓄电池组，每年做1次核对性放电试验。

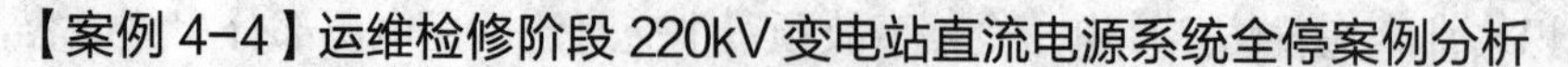

【案例4-4】运维检修阶段220kV变电站直流电源系统全停案例分析

1. 事故情况简介

2015年8月31日6：53，某220kV变电站因房屋漏雨造成35kV 32-7TV柜内静触头根部三相短路，导致35kV 2号母线失压，2号站用变压器失压，且因3号站用变压器在备用状态，造成全站交流失压。同时，由于雨水进入35kV TV柜内二次隔室，直流小母线经"水阻"短路，且第1、2组蓄电池均有1块电池存在内部隐患，导致直流Ⅰ段母线在全站交流失压10min后失压，直流Ⅱ段母线在全站交流失压3h后失压。

该站直流操作电源为DC220V，系统采用单母线分段接线运行方式，故障前直流母联断路器在分位，第1组蓄电池至母线断路器在合位，第2组蓄电池至母线断路器在合位。配置2组蓄电池，个数104块/每组，容量300A·h/每组；配置2组充电装置。

（1）外观检查情况。

1）故障当日9：10检查1号直流馈线屏、1号充电装置断电，测量第1组蓄电池进线保险上下口均无电压，第2组蓄电池进线保险上下口电压均正常。直流母联断路器在断位。直流Ⅰ段系统负荷及屏柜断路器未进行操作。

2）10：02直流联络屏Ⅰ段、Ⅱ段进线开关上下口均无电压。进一步检查第1组蓄电池73号，第2组蓄电池组44号电池存在开路现象。

3）10：40检查第1、2组蓄电池，再次确认第1组蓄电池73号，第2组蓄电池44号电池存在开路现象，直流联络屏Ⅰ段、Ⅱ段、母联断路器在断位。蓄电池组外观无异常。

（2）试验解体检测情况。

1）对两组蓄电池进行电压检测。除第1组蓄电池73号、第2组蓄电池44号电池外其余电池电压均正常。

2）对电池内阻进行检测。发现第1组蓄电池第73、81、104号内阻过大，第2组蓄电池第44号内阻过大。

3）将故障蓄电池前往电池厂家检测。对故障电池进行了拆解试验，分析其原因，内阻大的电池都存在一个普遍问题，电池负极极柱与汇流排连接处及汇流排都存在断裂、腐蚀情况。电池厂家对第1组蓄电池进行全部更换后；对第2组蓄电池（103块）进行容量试验，试验中蓄电池能够放出额定容量的80%，第2组蓄电池为正常。

（3）事故处理情况。

1）10：40现场再次确认直流Ⅰ、Ⅱ段母线直流消失。经过对蓄电池组进行测量，第1组蓄电池73号电池、第2组蓄电池44号电池单体电压无电压输出，其他电池的单体电压均为2.1V左右。首先拆除73号电池，恢复第1组蓄电池。合上直流Ⅰ段母线进线开关，检查Ⅰ段电压正常，合上母联断路器2～3s后，直流Ⅰ段母线电压表电压迅速下降，立即断开母联断路器，电压仍在下降，切断直流Ⅰ段母线进线断路器。

2）10：47拆除第2组蓄电池的44号电池，拉开直流母线所带馈线负荷后，合上直流Ⅱ段母线进线断路器，恢复第2组蓄电池、直流Ⅱ段母线电压。在运维人员的配合下，按照220、110kV、其他公用直流，逐步恢复全站直流电源。

3）12：03开始接入发电车，带起直流充电装置及UPS等重要设备。

4）14：30对35kV Ⅲ段母线直流二次回路进行检查。

5）17：15恢复35kV Ⅲ段母线直流。

6）19：32将B33恢复运行，二次检修五班拆除发电车，B33带全站交流。

2. 问题原因分析

（1）主要原因。站内直流电源系统失压的主要原因是蓄电池内部腐蚀、老化等电池内在质量问题。

1）因房屋漏雨造成35kV 32-7TV柜内静触头根部三相短路，导致35kV 2号母线失压，2号站用变压器失压，造成全站交流失压。

2）由于35kV 32-7TV开关柜进水，造成直流Ⅰ段母线正、负极短路及接地，形成水阻放电，导致73号电池开路，使直流Ⅰ段母线失压。直流Ⅰ段母线负极接地一直持续了7min58s，直流正、负两极通过雨水短路和接地，水中电解质开始发生变化，出现水阻接地，导致第1组蓄电池73号电池出现异常，造成该段直流母线电压开始迅速波动降低；直流Ⅱ段母正负电压正常。

3）故障当日，在故障切除3h后，由于第2组蓄电池带全站直流负荷，此时，运维人员在隔离35kV直流负荷和断开第1组蓄电池后，用直流母联断路器向直流Ⅰ段母线送电，这样第2组蓄电池所带负荷比原负荷增加将近一倍，此时，造成第2组蓄电池的44号电池加快劣化、内阻迅速增大，在很短的时间内形成开路，致使第2组蓄电池也发生失压。

（2）次要原因。其他原因同样也会影响蓄电池寿命。

1）充电装置充电模块对蓄电池充电时谐波或纹波过大，长时间冲击后会导致电池汇流排加速腐蚀，寿命提前终止。

2）电池在安装时螺栓旋紧过程中未遵守相关规定采用蛮力旋紧，导致部分电池端柱由于扭矩过大略微松动，电池在使用过程中因为有略微转柱的情况所以阴极保护未能持续，导致端柱以下部分加速腐蚀。

3）安全阀开启时外部有液体杂质流入加剧腐蚀。

3. 事故防范措施

（1）制定蓄电池入网检测标准，开展蓄电池入网测试试验。蓄电池是直流系统最重要的设备，但近年来随着基建变电站蓄电池由直流电源系统厂家配套和大修技改招标采购蓄电池价格持续降低，蓄电池的质量难以保证，缺陷率明显上升，目前蓄电池在验收时缺乏必要的入网检测试验，给蓄电池安全可靠运行带来很大隐患。建议制定蓄电池入网检测及维护试验标准，开展基建及大修技改蓄电池组的招标前及投运前入网检测试验。

(2) 加强蓄电池组的运行维护。按照国家电网有限公司《直流电源系统设备检修规范》和《直流电源系统设备检修规范》中要求，应每月按期完成对蓄电池单体电压和温度测试，每年至少对蓄电池组进行1次内阻测试，当单体电压偏差大于0.05V或内阻大于50%平均内阻值时，应采取均衡充电、蓄电池单体活化等方法提高蓄电池一致性，修复后不满足要求的蓄电池应退出运行。

(3) 合理设置充电电压，进行充电电压温度补偿。

1) 对充电装置充电电压设置和温度补偿情况进行排查，合理设置充电装置的充电电压。阀控铅酸蓄电池浮充电压值应控制为n×(2.23～2.28) V，一般宜控制在n×2.25V (25℃时)，均衡充电电压应控制为n×(2.30～2.35)V（经检查另一变电站充电控制电压为2.26V，充电装置有温度补偿装置)。

2) 充电装置应能监测环境温度，并在充电装置监控中设置充电电压温度补偿，即基准温度为25℃，修正值为±1℃时3mV，即当温度每升高1℃，阀控蓄电池浮充单体电压值应降低3mV，反之应提高3mV。

(4) 施工单位及直流班组应配置扭矩扳手。在蓄电池安装及拆卸时使用扭矩扳手，防止使用普通扳手或其他工具旋紧螺栓时扭矩过大导致端柱松动，进而加剧蓄电池的腐蚀老化。

(5) 开展变电站高频充电模块纹波系数、稳压精度测试。开展变电站高频充电模块纹波系数、稳压精度测试，确保纹波系数不大于0.5%，避免高频纹波系数过大加剧蓄电池腐蚀老化，加大对相控式充电装置的改造力度。

(6) 加强蓄电池在线智能管理系统的应用，实现对蓄电池的实时监测。

1) 实现蓄电池的远程在线监测有助于实时了解蓄电池运行状况，建议采用蓄电池组在线智能跨接技术，延长蓄电池使用寿命，可改善直流班组人员和工期紧张情况。

2) 采用蓄电池组在线智能跨接技术，实现某块电池异常、开路可启动跨接功能将该块电池自动旁路退出，避免因单块电池异常造成整组蓄电池失压，同时实时在线监测母线及蓄电池组电压、电流、温度以及单体蓄电池电压、内阻、温度，以及充电装置纹波等参数，并自动告警，可实现站内直流电源系统的统一监测。

4. 相关标准规范

1)《直流电源系统技术监督导则》(Q/GDW 11078—2013) 中表5“直流电源类设备运维技术监督的重点项目和内容”。

2)《直流电源系统设备检修规范》第五章的表1“直流电源系统设备检测项目及要求”。

3)《国家电网公司无人值守变电站运维管理规定》(〔国网运检/4〕302—2014)中规定:

第六十四条 日常维护工作应包括以下内容:

单个蓄电池电压测量每月1次;蓄电池内阻测试每年1次;

4)《电力系统用蓄电池直流电源装置运行与维护技术规程》(DL/T 724—2021)中规定:

7.4.1 阀控蓄电池的核对性放电

发电厂或变电站中若具有两组阀控蓄电池,可先对其中一组蓄电池按照5.3.1的容量测量方法进行全容量核对性放电,完成后再对另一组进行全容量核对性放电。当蓄电池组中任一块蓄电池端电压下降到放电终止电压值时应立即停止放电,隔1h~2h后,再用Io电流进行恒流限压充电—恒压充电—浮充电。必要时可反复2次~3次,蓄电池存在的问题也能查出,容量也能得到恢复。若经过3次全容量核对性放充电蓄电池组容量均达不到额定容量的80%以上,可认为此组阀控蓄电池使用年限已到,应安排更换。

5)《国家电网公司十八项电网重大反事故措施(修订版)》(国家电网设备〔2018〕979号)中规定:

新安装的阀控密封蓄电池组,应进行全核对性放电试验。以后每隔2年进行1次核对性放电试验。运行了4年以后的蓄电池组,每年做1次核对性放电试验。

第五章

变电站蓄电池事故实例与分析

本章对某110kV变电站蓄电池事故进行分析。该110kV变电站因蓄电池无法正常供电致使站内保护装置直流电源失电，未能正确动作切除线路故障导致全站停电。某电池检测实验室在事故发生一周内，对故障电池进行了外特性检测与拆解试验，并对同批次的在役“健康”电池进行了对比试验分析。试验结果表明蓄电池开路故障原因均为蓄电池负极汇流排腐蚀断裂，汇流排腐蚀开路的主要原因是该蓄电池产品存在严重的焊接工艺缺陷、材料腐蚀裕度设计不足等质量问题，此外，还发现该厂家生产过程品控差等管理问题。经“健康”电池拆解进一步推断，该质量问题在同批次电池中普遍存在，大范围变电站服役的该批次蓄电池或存在开路风险，严重威胁电网运行安全，须尽快进行隐患排查、整改与更换。

第一节 蓄电池基本信息

该站直流电源蓄电池组由108块阀控式铅酸蓄电池串联组成。单体电池额定电压为2V，额定容量为300Ah，故障发生前该蓄电池组处于浮充状态。对蓄电池组108块蓄电池进行了编号，故障电池为26号与45号，随机抽取同组同期同工况运行的“健康”电池（正常运行）31、32、33号，进行对比分析。

在电池拆解前，利用电池检测系统测定样品的电压、内阻、容量，并记录样品尺寸与重量。电池核容试验，充电后以0.1C倍率放电，测定电池容量，各样品充电曲线如图5-1所示。

2块故障电池无法进行充电，核容试验自动停止。3块“健康”电池可顺利进行充放电，其放电曲线如图5-2所示。5块电池的重量、电压、内阻与容量测试结果见表5-1。

由以上图表，得出结论如下：

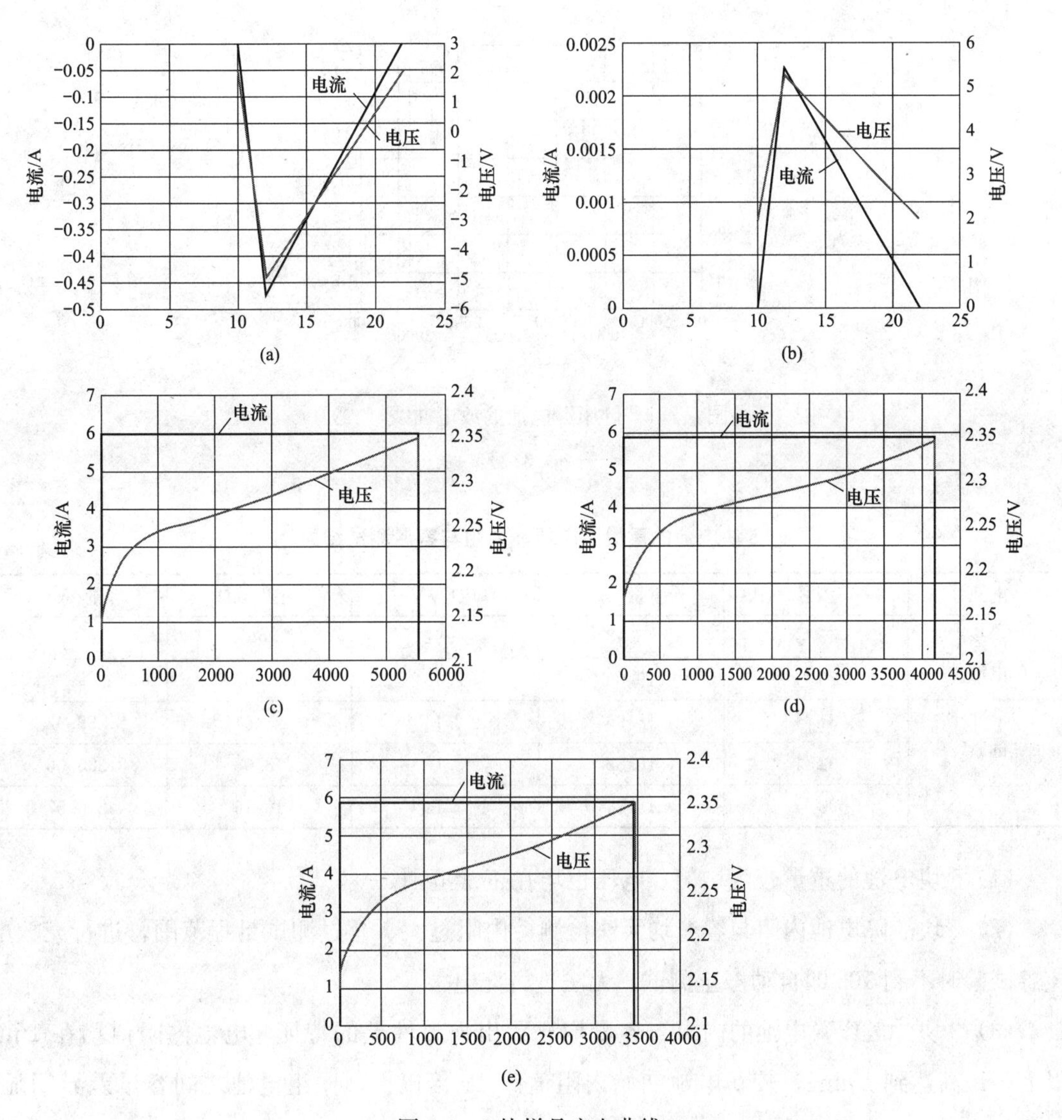

图 5-1 5 块样品充电曲线

(a) 26 号；(b) 45 号；(c) 31 号；(d) 32 号；(e) 33 号

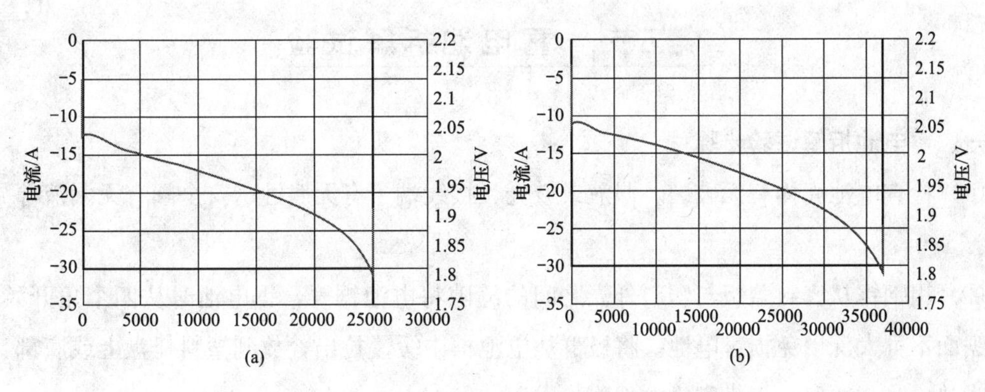

图 5-2 “健康”电池的放电曲线（一）

(a) 31 号；(b) 32 号

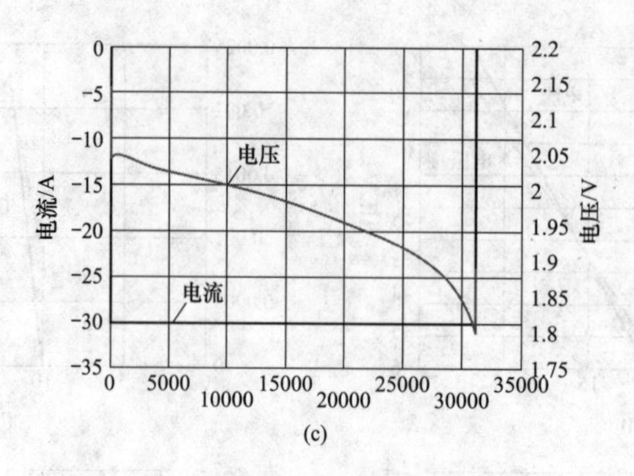

图 5-2 “健康”电池的放电曲线（二）

(c) 33 号

表 5-1　　5 块电池的重量、电压、内阻与容量测试结果

电池	型号	重量/kg	电压/V	内阻/mΩ	容量/A·h
故障电池	45 号	18.98	1.92	∞	—
	26 号	19.06	2.13	∞	—
“健康”电池	31 号	18.96	2.14	2.461	258.92
	32 号	18.82	2.16	13.08	306.06
	33 号	18.84	2.14	10.16	210.57

(1) 5 块电池的重量较为均匀，电压也均在正常范围。

(2) 2 块故障电池内阻与容量均无法检测，内阻过大、超过测试量程范围，进行充放电核容试验时不到 10s 即自动停止测试、无法进行充电。

(3) 3 块“健康”电池的内阻与容量均显示出一致性差的特征。电池内阻值均在 1mΩ 以上，最高达到 13mΩ，较新电池初始内阻值高 10 倍以上。同组电池之间容量差异明显，最低仅为 210Ah，较标称容量 300Ah 低 30%，电池性能已明显劣化。

第二节　蓄电池拆解试验

一、蓄电池拆解试验步骤

(1) 检查电池壳体有无破裂、漏液或鼓壳、接线端子有无腐蚀、安全阀有无漏液等异常现象。

(2) 用钢锯从密封盖板与塑料外壳之间的缝隙将电池锯开，锯电池时从四个角开始锯，注意锯面不可太深以免损害电池。将极群从电池槽中缓慢拉出，放到塑料托盘上或底部，垫好绝缘垫，防止短路、污染和极群损伤。

(3) 观察极群、汇流排、极柱状况。注意观察汇流排有无断裂、极群有无掉片等现象，观察极柱与汇流排连接有无断裂，观察极群内有无异物存在。

(4) 将正极板、负极板、隔板相互分离，分离中避免电解液流溢及短路。

(5) 观察正、负极板的表面形貌，隔膜的状态，并进行以下操作：使用游标卡尺测量正、负极极柱长度、直径；测量正、负极板的长、宽、厚度；分别取一块完整的正、负极板，洗去表面活性物质，测量板栅孔径大小并描述其形状；分别取小块正、负极板和隔板并分别装入带有试样标签的样品袋内留存，进行必要分析。

(6) 将正、负极汇流排连接部位锯开，分离出极柱、连接处、汇流排三部分材质，进行SEM与EDX分析，适当部位取样进行XRD分析，以判断各部位金属材质元素成分、焊接形貌等。

(7) 各部位表面状态需拍照记录。

二、拆解试验结果

1. 拆解后电池内部结构

经外观检查，5块样品电池塑料外壳均无破裂、漏液与鼓壳现象；接线端子无腐蚀迹象；安全阀无漏液现象。

利用手工锯条、螺丝刀等工具沿密封盖板与塑料外壳直接的缝隙锯开，将极群从电解槽中缓慢拉出，放置于通风橱内绝缘操作台上。观察发现，该阀控式密封铅蓄电池属于贫液式，电解液被吸收在隔板中，锯开后无电解液流出，电池内充满针状结构白色粉末腐蚀产物。电池拆解试验现场照片如图5-3所示。

图5-3 电池拆解试验现场照片

该贫液式阀控铅酸蓄电池的正负极板之间通过隔板隔开。隔板为白色的玻璃纤维，可防止正负极短路，而电解液中正、负离子可顺利通过，同时防止正、负极活性物质脱落以及正、负极板因振动而损伤。极板为涂膏式板极，由板栅与活性物质构成，正极板活性物质为二氧化铅呈黑色，负极活性物质为绒状铅呈灰色，极板汇流排与极柱之间以焊接方式连接。电池拆解后内部极群结构如图5-4所示。

图 5-4　电池拆解后内部极群结构

2. 电池负极汇流排腐蚀形貌

5 块样品电池的负极汇流排均存在严重的腐蚀现象，其中 45 号与 26 号电池汇流排已完全断裂。电池负极汇流排腐蚀形貌如图 5-5 所示。

可以断定，负极汇流排的腐蚀断裂是导致 45、26 号蓄电池开路的直接原因，导致变电站蓄电池组无法供载而引发直流电源失电故障。

明显可见，各电池负极汇流排表面均覆盖着一层厚厚的粉末状硫酸盐层腐蚀产物，部分已断裂，未断裂的与极群相连的汇流排也极为疏松，有明显的腐蚀迹象。汇流排发生了晶间

(a)

图 5-5　负极汇流排均存在严重的腐蚀现象（一）

(a) 26 号

图 5-5　负极汇流排均存在严重的腐蚀现象（二）

(b) 45 号；(c) 31 号；(d) 32 号；(e) 33 号

腐蚀，铅合金吸氧腐蚀生成硫酸铅，体积由 18.27cm^3/mol（Pb）膨胀至 48.91cm^3/mol（$PbSO_4$），近 2.7 倍的体积膨胀率导致负极汇流排发生应力腐蚀开裂，进一步加剧晶间腐蚀，最终导致了汇流排的快速腐蚀破损。

如图 5-6 所示，负极汇流排严重腐蚀膨胀、结构疏松、机械性能已完全破坏。33 号电池拆解时、缓慢拉出极群即发生汇流排断裂，取下汇流排时即发生汇流排破损，完全无法抵御轻微的应力作用；26 号与 45 号电池的负极汇流排在拆解前即处于腐蚀断裂状态，可见极柱连接部位腐蚀膨胀分层、汇流排松脆易断。

图 5-6　负极汇流排腐蚀疏松、机械性能严重破坏

3. 电池极板表面形貌

电池负极极板表面典型形貌如图 5-7 所示。可以看到，5 块样品电池的负极极板表面均遍布裂纹和凹坑，表面黏附难以去除的隔板纤维与白色结晶物，极板韧性明显变差。可见蓄电池充放电运行已使得极板活性物质发生氧化还原反应、体积发生变化，膨胀收缩反复进行，极板严重老化、开裂，活性物质逐渐变得松软脱落。电解液失液较为严重，极板存在一定程度的硫化失效。

电池正极极板典型形貌如图 5-8 所示。可以看到，正极极板表面分布细小的白色颗粒状硫酸盐沉积物，具有裂纹、破损且硫酸演化严重，极板已严重老化破坏；用手施加轻微应力作用即发生破损、断裂、活性物质粉碎脱落；剪裁时，明显可见板栅脆化、极板破碎、活性物质脱落等现象。说明正极板板珊深度腐蚀、极板结合力下降、已严重劣化。

图 5-7 电池负极极板表面典型形貌

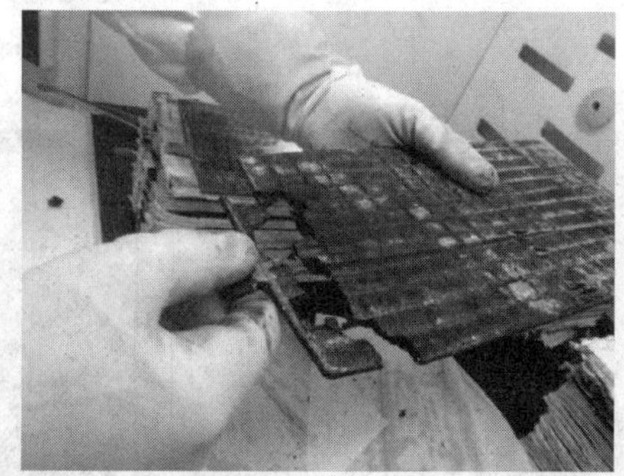

图 5-8 电池正极极板典型形貌

电池正、负极板的视频显微镜拍摄形貌分别如图 5-9 和图 5-10 所示。正、负极板表面明显可见较深裂纹；负极板表面分布较多白色纤维，并夹杂白色颗粒物；正极极板表面分布白色颗粒物，纤维物较少。

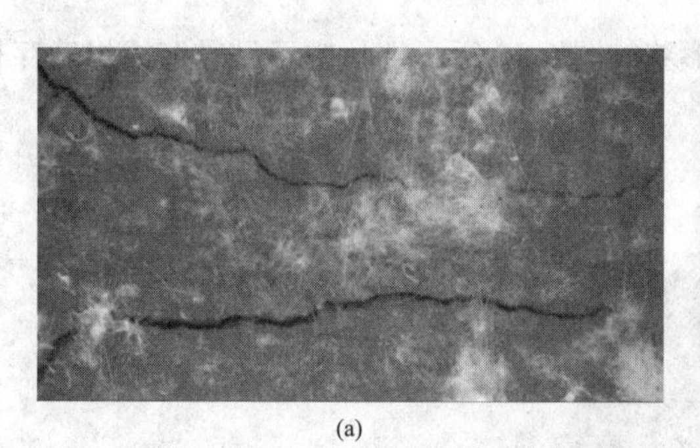

(a)

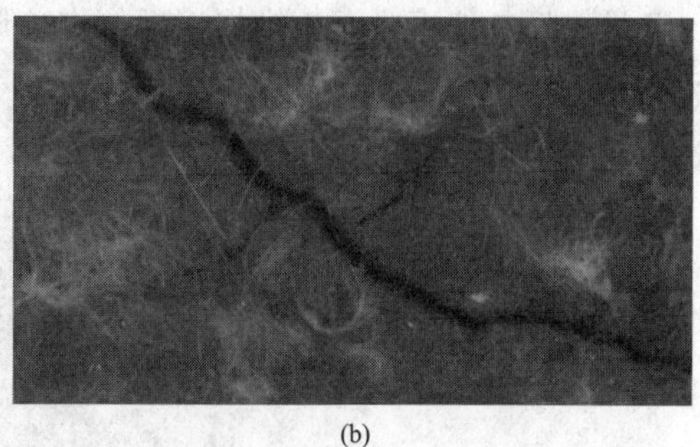

(b)

图 5-9 电池负极板视频显微镜拍摄形貌

(a) 放大 40 倍；(b) 放大 100 倍

此外，在隔板从电极表面剥开过程中，观察发现，隔板与极板的剥离较为困难，大量白色纤维会黏附在极板表面，需反复清除，其典型状态如图 5-11 所示。可见，极板表面发生了一定程度的腐蚀，与隔板纤维中吸附的电解液成分进行了化学反应，因此产生了更强的结合力，更难分离。

图 5-10 电池正极板视频显微镜拍摄形貌

(a) 放大 40 倍；(b) 放大 100 倍

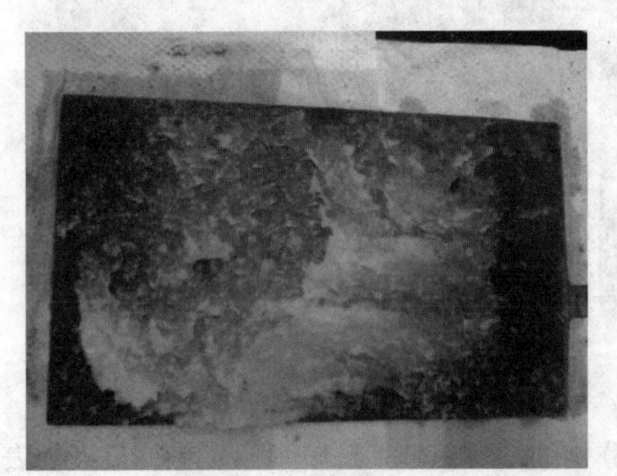

图 5-11 隔板与极板分离时极板表面典型状态

4. 电池汇流排与极柱连接处焊接缺陷

45 号故障电池正极汇流排焊接部位焊缝形貌如图 5-12 所示。从中可见贯穿式焊缝存在于极柱与汇流排连接处。

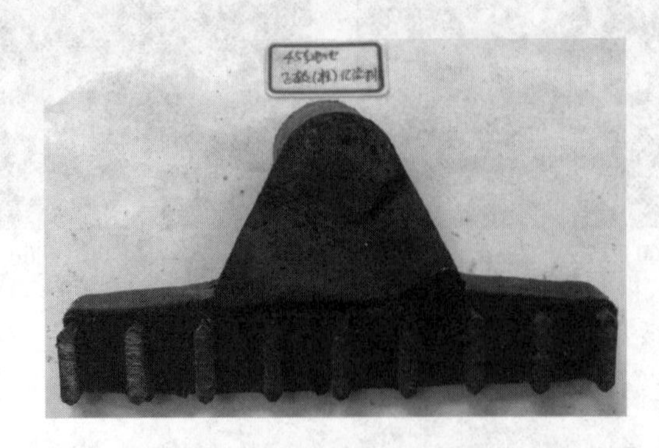

图 5-12 45 号故障电池正极汇流排焊接部位焊缝形貌

对极柱与汇流排连接处进行切割，切割剖面如图 5-13 所示。可以看出，焊缝深度已达连接面。由于正极汇流排腐蚀迹象不明显，可以推断该焊缝的存在是因汇流排焊接（成型）工艺导致，属于严重的产品缺陷。

图 5-13 45 号故障电池切割剖面图

（a）正面；（b）侧面 1；（c）侧面 2

随机抽取“健康”电池进行对比，32 号“健康”电池正、负极汇流排连接部位的焊缝形貌如图 5-14 所示。从中可以看出，“健康”电池的正、负极汇流排连接处均有不同程度的裂缝存在，焊缝较长、较深，严重削弱了极柱与健康汇流排连接部位的机械性能，具有较大的断裂开路风险，难以保障电池剩余寿命期的安全服役。

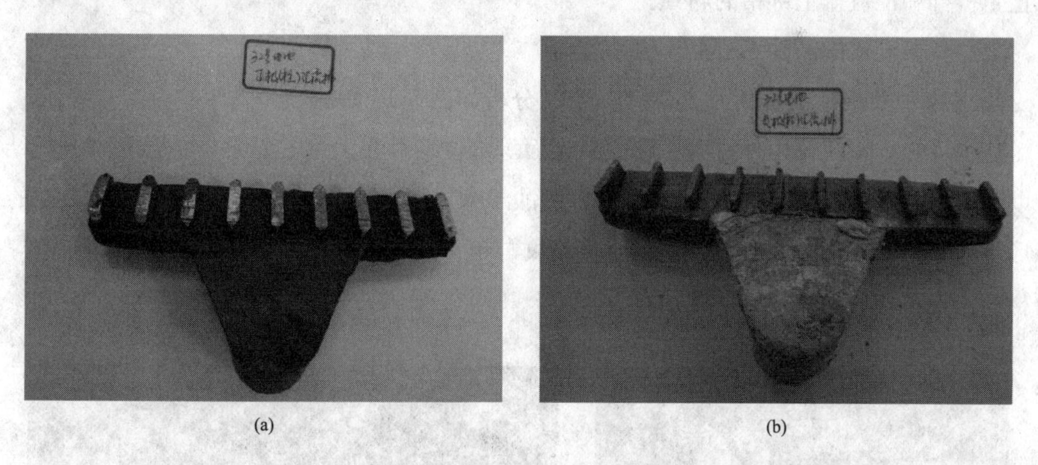

图 5-14 32 号“健康”电池正、负极汇流排连接部位的焊缝形貌

（a）正极；（b）负极

第三节 讨论分析

由于阀控电池处于贫液状态，电解液仅存在于正、负极板间的玻璃纤维隔膜中，负极板

包括极群与汇流排因与电解液的接触程度不同，导致其电位存在差异。因电解液只能浸润至极耳底部，难以到达极耳上部和汇流排，则隔板以上的汇流排、极柱连接部位均处于 O_2 氛围中，易发生腐蚀。

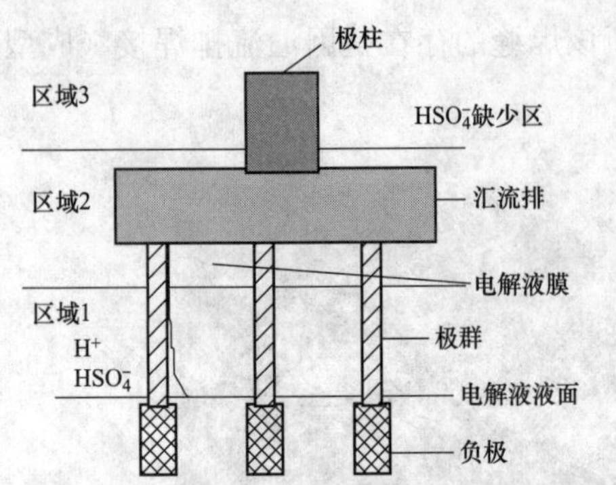

图 5-15　负极汇流排腐蚀机理解析

一、负极汇流排腐蚀机理解析

离液膜一定距离的汇流排及其焊接处是腐蚀最为严重的区域。负极汇流排腐蚀机理解析如图 5-15 所示。

由图可见，将负极极板界面分为 3 个区域。

（1）区域 1 浸没与电解液内的极群区，位于负极板上端，该极群相对于电解液的电位差负于 $Pb/PbSO_4$ 的平衡电位，金属 Pb 处于稳定状态。

（2）区域 2 属于电解液膜逐渐减薄区，极群金属相对于电解液的电位差逐渐正移，Pb 的价态将不再稳定，氧化还原反应的平衡将偏向 $PbSO_4$ 的方向。此区域内有氧气与铅的氧化还原反应，导致电位沿着电解液膜往上变得越来越正，最严重时将超过 $Pb/PbSO_4$ 的平衡电位。因此，持续不断的腐蚀将加剧反应，使得负极的铅不断地参与反应，导致极群上端及汇流排焊接区域的腐蚀。

（3）区域 3 则因缺乏 HSO_4^-，不能生成 $PbSO_4$，所以 Pb 只能被氧化，生成 PbO，最终阻止了极群和汇流排上部铅的腐蚀。

二、负极汇流排断面 SEM 与 EDX 分析

45 号电池负极汇流排断面 SEM 与 EDX 分析如图 5-16 所示。

从中可知，汇流排内外材质、腐蚀断裂面等部位均存在大量 S 元素，结合元素分析结果可以断定，电池负极汇流排的断裂由材料腐蚀导致，腐蚀产物为 $PbSO_4$。观察汇流排的腐蚀形貌与断裂面，均存在腐蚀分层、明显裂纹与粗大晶粒，推测因焊接工艺缺陷，导致焊接面材料出现不均匀性而加剧腐蚀损坏。

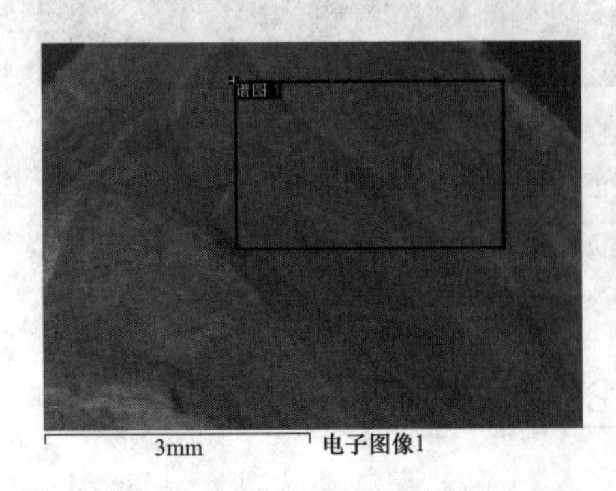

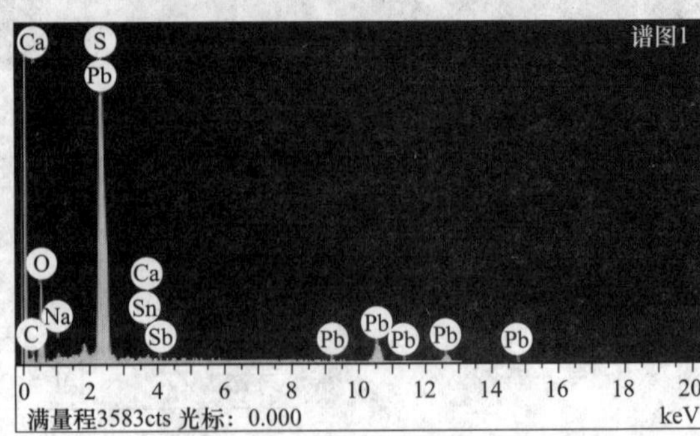

图 5-16　45 号电池负极汇流排断面 SEM 与 EDX 分析（一）

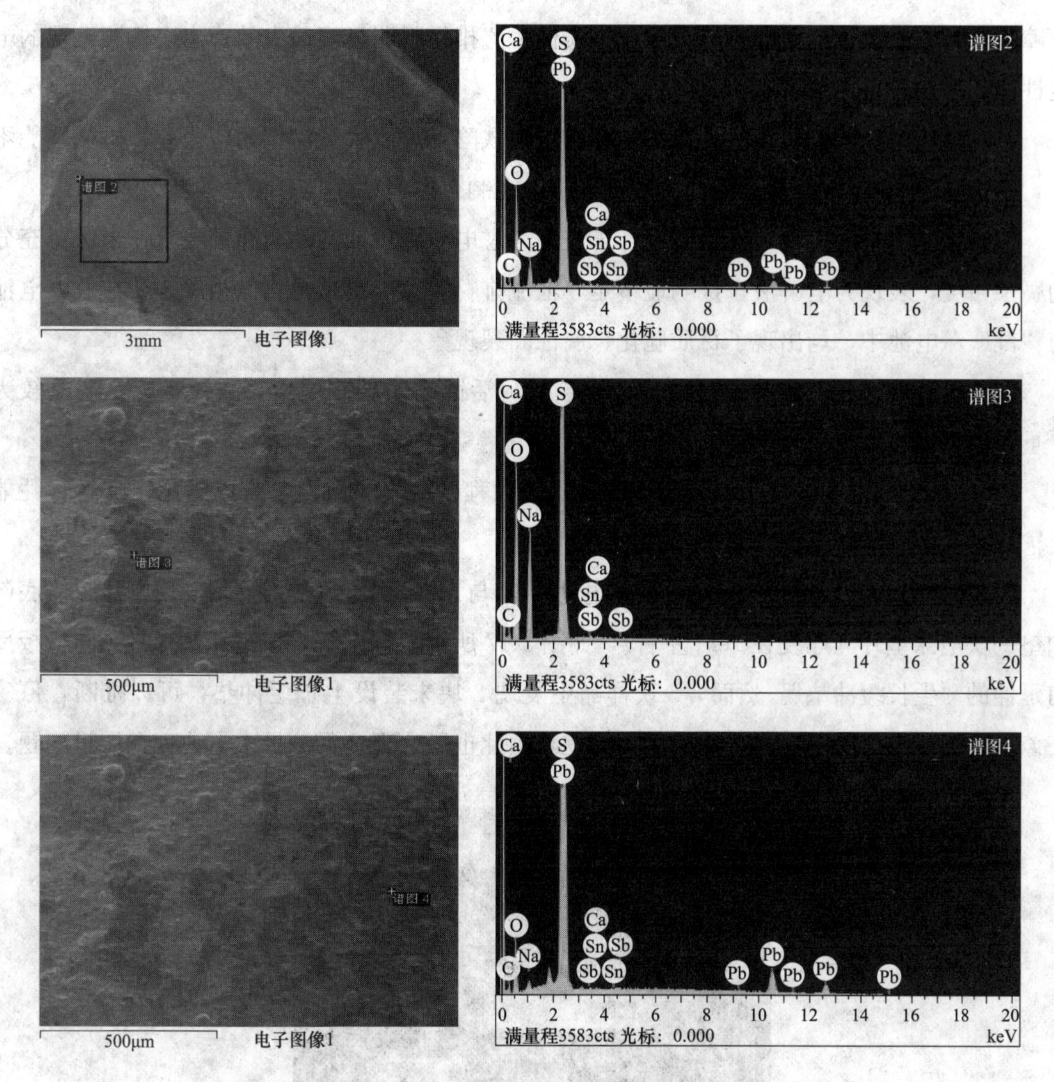

图 5-16　45 号电池负极汇流排断面 SEM 与 EDX 分析（二）

三、负极汇流排的腐蚀原因

（1）贫液式结构，加上电解液设计含量不足，酸性电解液在多孔铅基汇流排中渗入爬升有限，导致连接部位焊接区域材料失去阴极防腐保护作用，且因蓄电池腔体上空氧气的存在加剧了合金材料的氧化还原反应，发生腐蚀。

（2）汇流排具有明显焊缝，焊接工艺缺陷明显，在汇流排与极耳间存在间隙，往往易在这些间隙发生腐蚀，负极汇流排的腐蚀部分归因于焊接问题导致的结构与成分不均匀。

（3）变电站蓄电池基本都处于长期浮充中，而放电是高倍率放电，这种运行工况下，蓄电池的负极汇流排腐蚀问题不可忽视。

四、本次检测发现的电池性能问题

经过某 110kV 变电站 5 块电池外特性检验与拆解试验的对比分析可知，本次电池开路故障原因是电池本体出现性能严重劣化、负极汇流排材料明显腐蚀失效。本次检测发现的电池性能问题如下：

（1）电池极板与汇流排的焊接工艺存在重大缺陷，焊缝大且深，耐应力差，机械性能不足，不能确保 10 年服役寿命期内的安全连接，在剩余寿命期间具有较大的断裂风险。

（2）该贫液式阀控电池，整体设计未充分考虑电池服役期间的防腐蚀要求，未保留充分的腐蚀裕度，表现为电解液含量明显不足、汇流排材质宽度不满足腐蚀裕度等，在故障电池与“健康”电池中，均出现了材质脆化、腐蚀断裂现象。

（3）电池极板已严重老化、出现较多裂纹，活性物质破碎脱落，失液、硫化现象较为严重。

（4）“健康”电池的容量与内阻也出现了较大程度的不一致性，难以满足正常运行性能要求。

（5）5 块样品电池中，在 26 号故障电池、31 与 32 号健康电池内，均发现电池腔体底部加垫一块泡沫垫片（厚度在 1cm 左右），如图 5-17 所示。据了解，该泡沫垫片是预防极板反向延伸的“生长缓冲垫”。然而，5 块样品中发现 2 块未装设生长缓冲垫，可以推断，厂家在该批次电池生产阶段存在严重的品控问题，由此也可合理怀疑该批次电池存在质量问题。

图 5-17　电池腔底部泡沫垫片

附录

附录A 铅酸蓄电池拆解试验数据

一、32号铅酸蓄电池拆解试验数据

32 号铅酸蓄电池拆解试验数据记录见表 A-1～表 A-3。

表 A-1 32 号铅酸蓄电池技术指标

电池序号	外壳材料	标称电压/V	标称容量/A·h	长/mm	宽/mm	高/mm	参考重量/kg	配套螺丝
32 号	—	2	300	170	140	350	18.82	—

表 A-2 32 号铅酸蓄电池拆解前电池性能数据

电压/V	内阻/mΩ	实际容量/A·h	试验温度/℃
2.16	13.08	306.06	17～25

表 A-3 32 号铅酸蓄电池拆解测量数据

类别	项目	数据	项目	数据	项目	数据
极柱	正极极柱长度/mm	64.88	正极极柱直径/mm	23.89		
	负极极柱长度/mm	65.40	负极极柱直径/mm	25.07		
极板	正极板数	9	负极板数	10		
	正极板长度/mm	254.11	正极板宽度/mm	151.22	正极板厚度/mm	4.71
	负极板长度/mm	255.30	负极板宽度/mm	148.22	负极板厚度/mm	2.78
板栅	正极板栅孔径形状描述	长方形				
	正极板栅孔径大小/mm	长	13.06	宽	10.63	
	负极板栅孔径形状描述	长方形				
	负极板栅孔径大小/mm	长	13.15	宽	9.18	

二、31号铅酸蓄电池拆解试验数据

31 号铅酸蓄电池拆解试验数据记录见表 A-4～表 A-6。

三、33号铅酸蓄电池拆解试验数据

33 号铅酸蓄电池拆解试验数据记录见表 A-7～表 A-9。

表 A-4　　31 号铅酸蓄电池技术指标

电池序号	外壳材料	标称电压/V	标称容量/A·h	长/mm	宽/mm	高/mm	参考重量/kg	配套螺丝
31 号	—	2	300	174	140	353	18.96	—

表 A-5　　31 号铅酸蓄电池拆解前电池性能数据

电压/V	内阻/mΩ	实际容量/A·h	试验温度/℃
2.14	2.461	258.918	17～25

表 A-6　　31 号铅酸蓄电池拆解测量数据

<table>
<tr><td rowspan="2">极柱</td><td colspan="2">正极极柱长度/mm</td><td colspan="2">65.83</td><td colspan="2">正极极柱直径/mm</td><td>24.45</td></tr>
<tr><td colspan="2">负极极柱长度/mm</td><td colspan="2">64.43</td><td colspan="2">负极极柱直径/mm</td><td>24.58</td></tr>
<tr><td rowspan="3">极板</td><td colspan="2">正极板数</td><td colspan="2">9</td><td colspan="2">负极板数</td><td>10</td></tr>
<tr><td>正极板长度/mm</td><td>253.20</td><td>正极板宽度/mm</td><td>150.58</td><td>正极板厚度/mm</td><td colspan="2">4.18</td></tr>
<tr><td>负极板长度/mm</td><td>254.76</td><td>负极板宽度/mm</td><td>148.05</td><td>负极板厚度/mm</td><td colspan="2">2.56</td></tr>
<tr><td rowspan="4">板栅</td><td colspan="2">正极板栅孔径形状描述</td><td colspan="5">长方形</td></tr>
<tr><td colspan="2">正极板栅孔径大小/mm</td><td>长</td><td>13.18</td><td colspan="2">宽</td><td>10.55</td></tr>
<tr><td colspan="2">负极板栅孔径形状描述</td><td colspan="5">长方形</td></tr>
<tr><td colspan="2">负极板栅孔径大小/mm</td><td>长</td><td>13.36</td><td colspan="2">宽</td><td>9.16</td></tr>
</table>

表 A-7　　33 号铅酸蓄电池技术指标

电池序号	外壳材料	标称电压/V	标称容量/A·h	长/mm	宽/mm	高/mm	参考重量/kg	配套螺丝
33 号	—	2	300	170	138	350	18.84	—

表 A-8　　33 号铅酸蓄电池拆解前电池性能数据

电压/V	内阻/mΩ	实际容量/A·h	试验温度/℃
2.14	10.16	210.57	17～25

表 A-9　　33 号铅酸蓄电池拆解测量数据

<table>
<tr><td rowspan="2">极柱</td><td colspan="2">正极极柱长度/mm</td><td colspan="2">65.66</td><td colspan="2">正极极柱直径/mm</td><td>23.97</td></tr>
<tr><td colspan="2">负极极柱长度/mm</td><td colspan="2">66.35</td><td colspan="2">负极极柱直径/mm</td><td>25.37</td></tr>
<tr><td rowspan="2">极板</td><td colspan="2">正极板数</td><td colspan="2">9</td><td colspan="2">负极板数</td><td>10</td></tr>
<tr><td>正极板长度/mm</td><td>253.37</td><td>正极板宽度/mm</td><td>150.53</td><td>正极板厚度/mm</td><td colspan="2">4.85</td></tr>
</table>

续表

极板	负极板长度/mm	254.95	负极板宽度/mm	147.97	负极板厚度/mm	2.53
板栅	正极板栅孔径形状描述	长方形				
	正极板栅孔径大小/mm	长	12.52	宽	9.82	
	负极板栅孔径形状描述	长方形				
	负极板栅孔径大小/mm	长	12.81	宽	9.29	

四、45号铅酸蓄电池拆解试验数据

45号铅酸蓄电池拆解试验数据记录见表A-10～表A-12。

表A-10　45号铅酸蓄电池技术指标

电池序号	外壳材料	标称电压/V	标称容量/A·h	长/mm	宽/mm	高/mm	参考重量/kg	配套螺丝
45号	—	2	300	170	138	351	18.98	—

表A-11　45号铅酸蓄电池拆解前电池性能数据

电压/V	内阻/mΩ	试验温度/℃
1.92	无穷大	17～25

表A-12　45号铅酸蓄电池拆解测量数据

极柱	正极极柱长度/mm	65.15	正极极柱直径/mm	24.51		
	负极极柱长度/mm	64.77	负极极柱直径/mm	23.71		
极板	正极板数	9	负极板数	10		
	正极板长度/mm	251.53	正极板宽度/mm	149.51	正极板厚度/mm	4.00
	负极板长度/mm	254.62	负极板宽度/mm	147.90	负极板厚度/mm	2.63
板栅	正极板栅孔径形状描述	长方形				
	正极板栅孔径大小/mm	长	13.00	宽	10.56	
	负极板栅孔径形状描述	长方形				
	负极板栅孔径大小/mm	长	12.95	宽	8.95	

五、26号铅酸蓄电池拆解试验数据

26号铅酸蓄电池拆解试验数据记录见表A-13～表A-15。

表A-13　26号铅酸蓄电池技术指标

电池序号	外壳材料	标称电压/V	标称容量/A·h	长/mm	宽/mm	高/mm	参考重量/kg	配套螺丝
26号	—	2	300	173	140	350	19.06	—

表 A-14　　26 号铅酸蓄电池拆解前电池性能数据

电压/V	内阻/mΩ	试验温度/℃
2.13	无穷大	17～25

表 A-15　　26 号铅酸蓄电池拆解测量数据

极柱	正极极柱长度/mm	64.14	正极极柱直径/mm	24.47		
	负极极柱长度/mm	65.37	负极极柱直径/mm	24.31		
正极板数		9	负极板数	10		
极板	正极板长度/mm	253.88	正极板宽度/mm	150.31	正极板厚度/mm	4.27
	负极板长度/mm	253.82	负极板宽度/mm	148.60	负极板厚度/mm	2.27
板栅	正极板栅孔径形状描述	长方形				
	正极板栅孔径大小/mm	长	12.87	宽	9.68	
	负极板栅孔径形状描述	长方形				
	负极板栅孔径大小/mm	长	12.35	宽	8.72	

附录B　汇流排成分分析

一、45 号电池正极汇流排成分分析

1. 分析点 1

45 号电池正极汇流排成分谱图（分析点 1）如图 B-1 所示，成分分析见表 B-1。

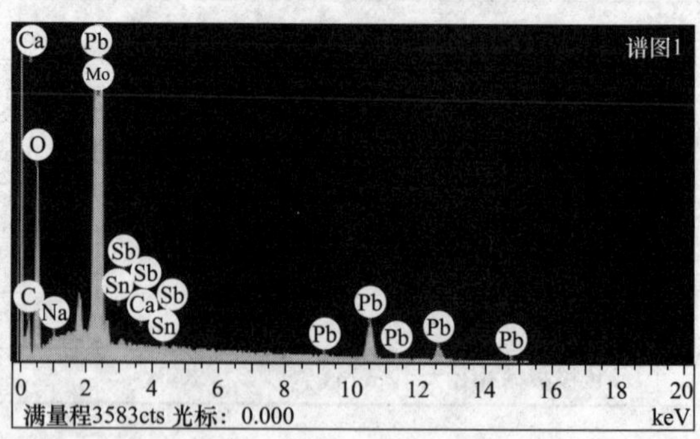

图 B-1　45 号电池正极汇流排成分谱图（分析点 1）

表 B-1　　45 号电池正极汇流排成分分析（分析点 1）

元素	质量百分比	原子百分比
C K	0.45	1.76
O K	26.55	77.21

续表

元素	质量百分比	原子百分比
Na K	0.39	0.79
Ca K	−0.01	−0.01
Mo L	15.16	7.35
Sn L	0.12	0.05
Sb L	−0.11	−0.04
Pb M	57.45	12.90
总量	100.00	

2. 分析点 2

45 号电池正极汇流排成分谱图（分析点 2）如图 B-2 所示，成分分析见表 B-2。

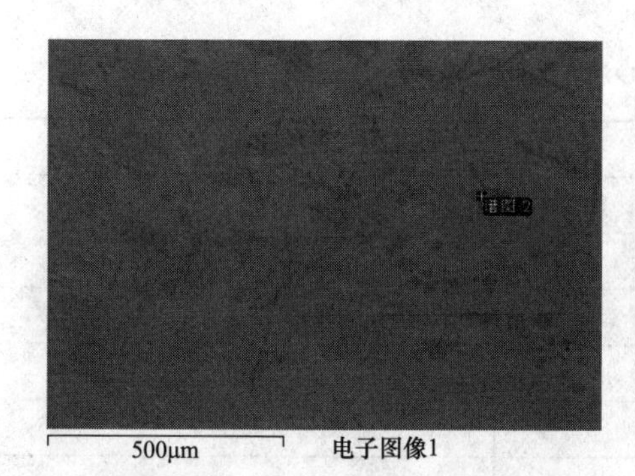

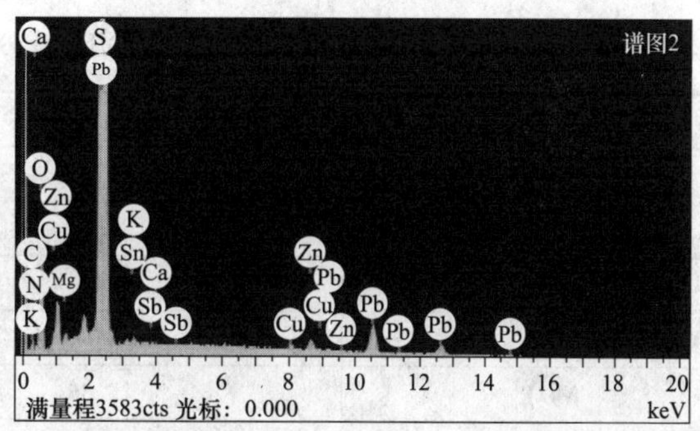

图 B-2　45 号电池正极汇流排成分谱图（分析点 2）

表 B-2　　45 号电池正极汇流排成分分析（分析点 2）

元素	质量百分比	原子百分比
C K	0.27	0.82
N K	6.34	16.78
O K	23.27	53.96
Mg K	0.46	0.70
S K	13.46	15.57
K K	0.45	0.43
Cu K	1.17	0.68
Zn K	3.30	1.87
Sn L	0.14	0.04
Sb L	−0.08	−0.02
Pb M	51.24	9.18
总量	100.00	

3. 面分析

45 号电池正极汇流排成分谱图（面分析）如图 B-3 所示，成分分析见表 B-3。

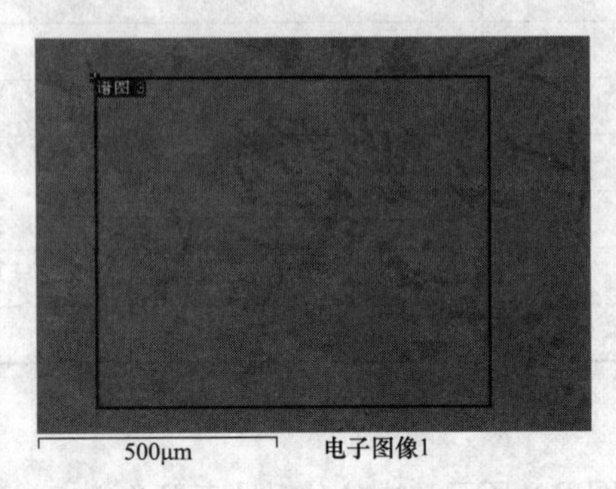

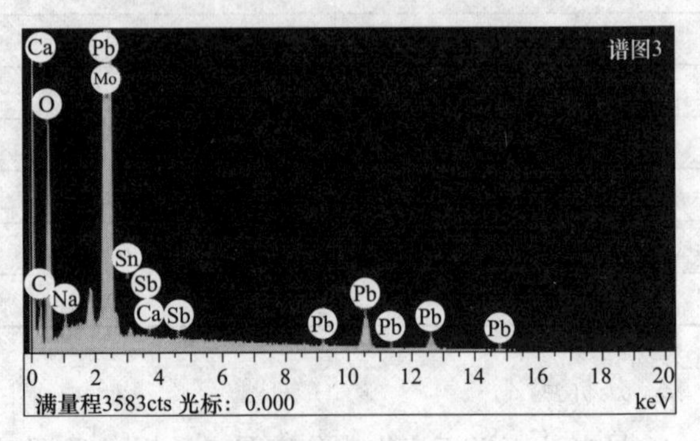

图 B-3　45 号电池正极汇流排成分谱图（面分析）

表 B-3　　45 号电池正极汇流排成分分析（面分析）

元素	质量百分比	原子百分比
C K	0.47	1.73
O K	28.60	78.50
Na K	0.54	1.04
Ca K	0.04	0.04
Mo L	15.36	7.03
Sn L	0.03	0.01
Sb L	−0.02	−0.01
Pb M	54.98	11.65
总量	100.00	

二、45 号电池负极汇流排开路断面材质成分分析

1. 深层材质成分分析

45 号电池负极汇流排开路断面深层材质成分谱图如图 B-4 所示，成分分析见表 B-4。

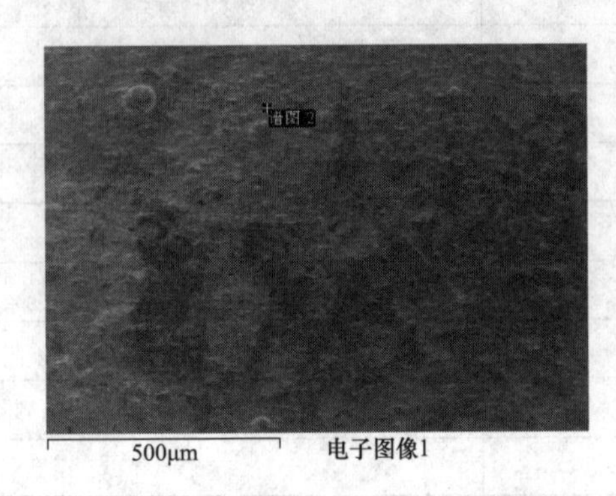

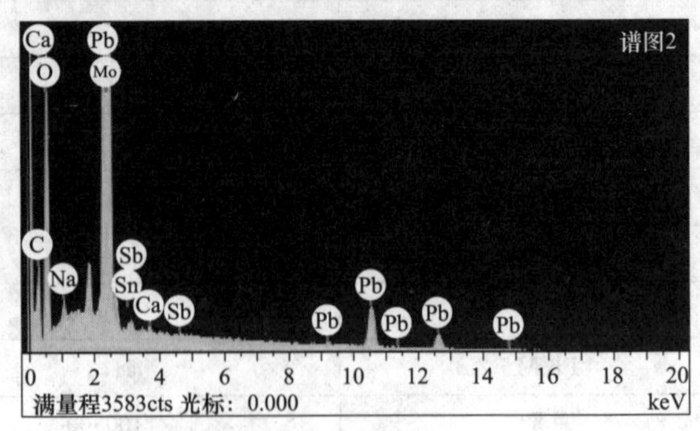

图 B-4　45 号电池负极汇流排开路断面深层材质成分谱图

表 B-4　　45 号电池负极汇流排开路断面深层材质成分分析

元素	质量百分比	原子百分比
C K	0.68	2.40
O K	30.08	80.08
Na K	0.53	0.97
Ca K	0.20	0.22
Mo L	9.17	4.07
Sn L	0.47	0.17
Sb L	−0.09	−0.03
Pb M	58.96	12.12
总量	100.00	

注　由此可见，该铅酸蓄电池负极极柱铅合金材料几乎不含 Sb、Sn 等成分，可排除材料杂质存在等腐蚀影响因素。

2. 浅层材质成分分析

(1) 分析点 1。45 号电池负极汇流排开路断面浅层材质成分谱图（分析点 1）如图 B-5 所示，成分分析见表 B-5。

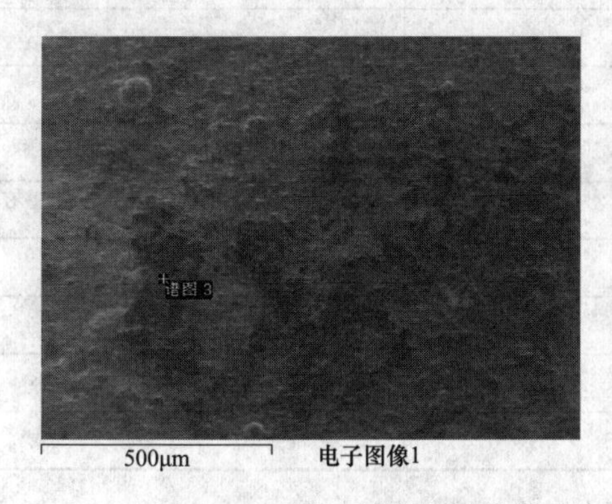

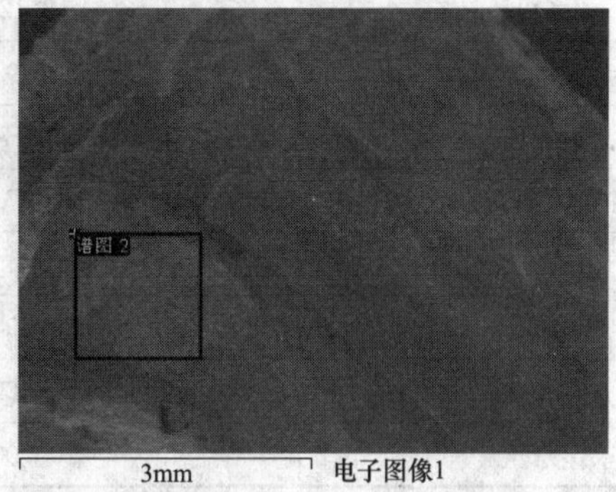

图 B-5　45 号电池负极汇流排开路断面浅层材质成分谱图（分析点 1）

表 B-5　　45 号电池负极汇流排开路断面浅层材质成分分析（分析点 1）

元素	质量百分比	原子百分比
C K	0.66	1.13
O K	50.90	65.18
Na K	11.66	10.39
S K	36.27	23.18
Ca K	0.11	0.05
Sn L	0.46	0.08
Sb L	−0.07	−0.01
总量	100.00	

(2) 分析点 2。45 号电池负极汇流排开路断面浅层材质成分谱图(分析点 2)如图 B-6 所示,成分分析见表 B-6。

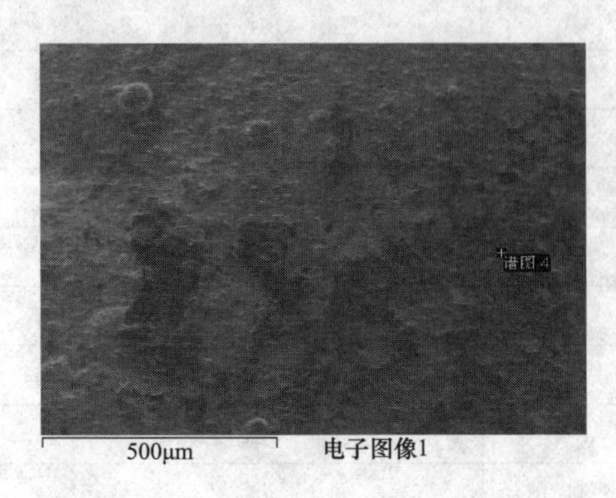

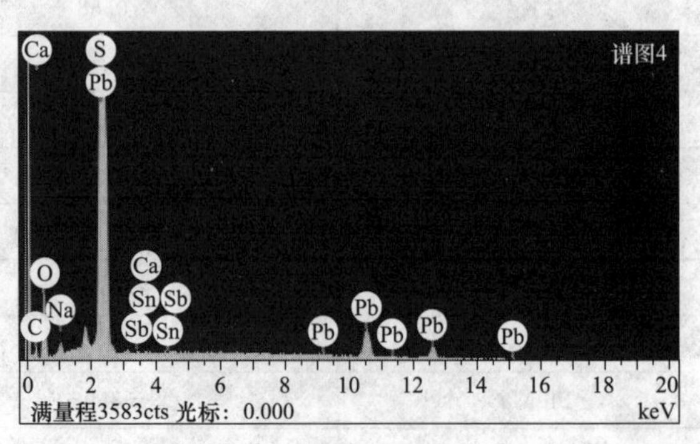

图 B-6 45 号电池负极汇流排开路断面浅层材质成分谱图(分析点 2)

表 B-6 45 号电池负极汇流排开路断面浅层材质成分分析(分析点 2)

元素	质量百分比	原子百分比
C K	0.40	1.70
O K	18.12	58.12
Na K	0.99	2.20
S K	13.17	21.07
Ca K	0.07	0.09
Sn L	0.64	0.28
Sb L	0.29	0.12
Pb M	66.33	16.42
总量	100.00	

(3) 面分析。45 号电池负极汇流排开路断面浅层材质成分谱图(面分析)如图 B-7 所示,成分分析见表 B-7。

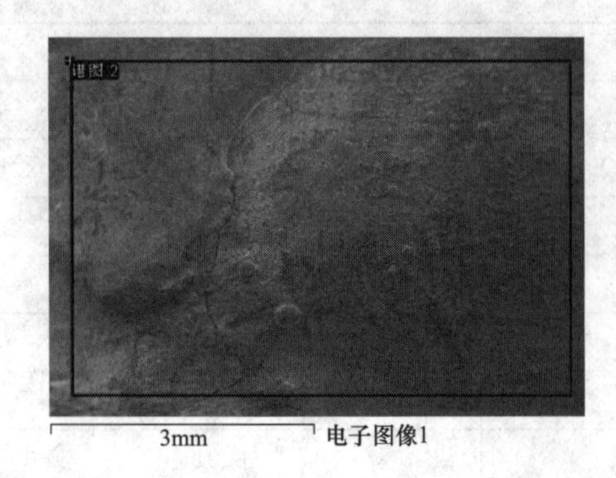

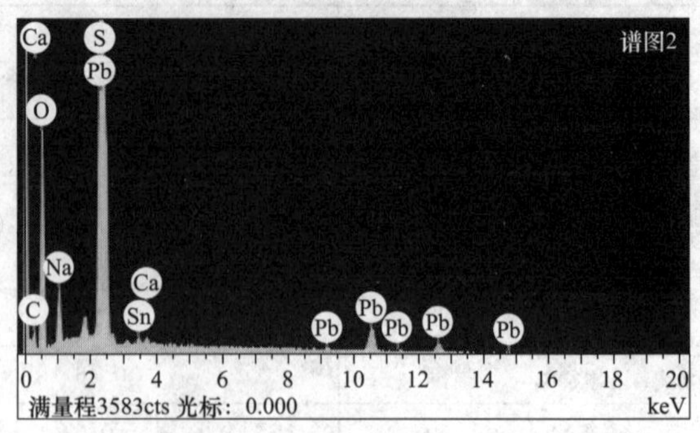

图 B-7 45 号电池负极汇流排开路断面浅层材质成分谱图(面分析)

表 B-7　　45 号电池负极汇流排开路断面浅层材质成分分析（面分析）

元素	质量百分比	原子百分比
C K	0.40	1.09
O K	36.85	74.53
Na K	3.65	5.13
S K	11.32	11.43
Ca K	0.29	0.24
Sn L	1.51	0.41
Pb M	45.97	7.18
总量	100.00	

3. 完整段剖面材质成分分析

(1) 分析点 1。45 号电池完整段剖面材质成分谱图（分析点 1）如图 B-8 所示，成分分析见表 B-8。

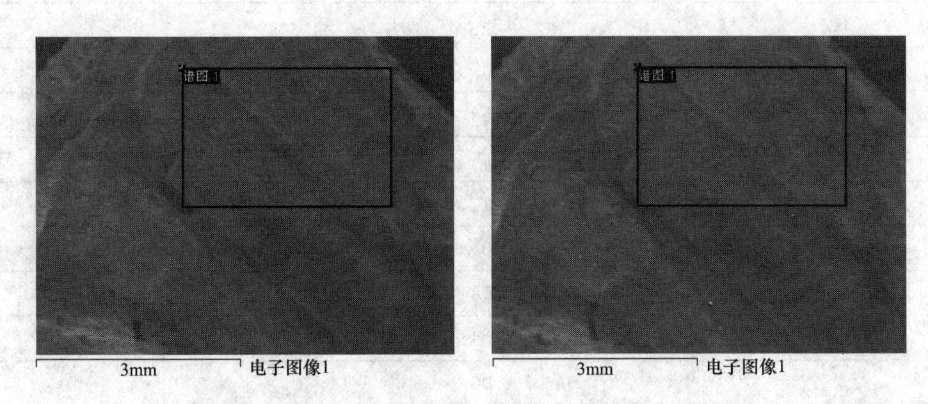

图 B-8　45 号电池完整段剖面材质成分谱图（分析点 1）

表 B-8　　45 号电池完整段剖面材质成分分析（分析点 1）

元素	质量百分比	原子百分比
C K	0.35	1.13
O K	30.22	72.54
Na K	0.55	0.92
S K	12.04	14.42
Ca K	0.41	0.39
Sn L	1.11	0.36
Sb L	−0.08	−0.02
Pb M	55.40	10.27
总量	100.00	

（2）分析点 2。45 号电池完整段剖面材质成分谱图（分析点 2）如图 B-9 所示，成分分析见表 B-9。

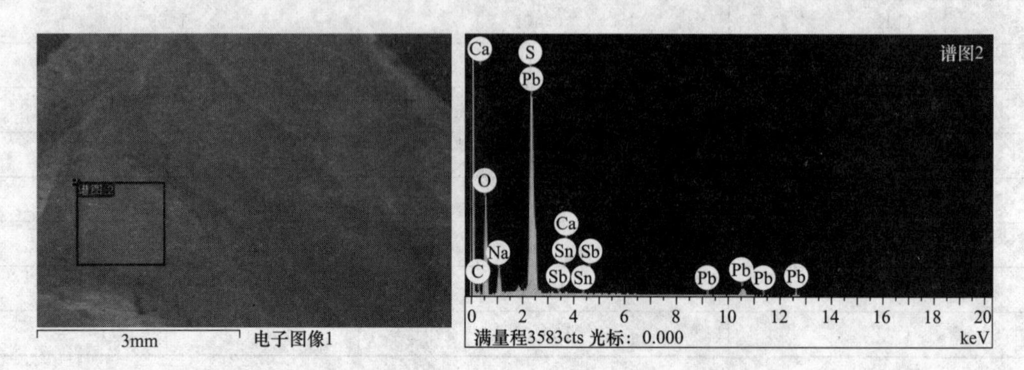

图 B-9　45 号电池完整段剖面材质成分谱图（分析点 2）

表 B-9　　45 号电池完整段剖面材质成分分析（分析点 2）

元素	质量百分比	原子百分比
C K	0.35	0.82
O K	43.12	75.17
Na K	4.15	5.03
S K	16.00	13.92
Ca K	0.11	0.08
Sn L	1.10	0.26
Sb L	−0.08	−0.02
Pb M	35.25	4.74
总量	100.00	

注　由此可见，S 元素在负极汇流排事故断面、完整段剖面均有分布且含量较高，表明该铅酸蓄电池负极汇流排已发生腐蚀，腐蚀反应已由表层发展至里层，腐蚀产物硫酸铅的膨胀、渗透已削弱汇流排铅合金的结构与性能。